Funkschau
Telecom

Funkschau
Telecom

Horst Frey

Alles über Telefone und Nebenstellenanlagen

Technik, Netze, Dienste, Kosten, Nutzen, Geräte und Zubehör

Mit 124 Abbildungen
3., verbesserte Auflage

Die Deutsche Bibliothek – CIP-Einheitsaufnahme

Frey, Horst:
Alles über Telefone und Nebenstellenanlagen: Technik, Netze,
Dienste, Kosten/Nutzen, Geräte und Zubehör / Horst Frey ;
3., verb. Aufl. – München : Franzis, 1994
  ISBN 3-7723-4523-9

© 1994 Franzis-Verlag GmbH, München

Sämtliche Rechte - besonders das Übersetzungsrecht - an Text und Bildern vorbehalten. Fotomechanische Vervielfältigungen nur mit Genehmigung des Verlages. Jeder Nachdruck, auch auszugsweise und jede Wiedergabe der Abbildungen, auch in verändertem Zustand, sind verboten.

Satz: typo spezial Ingrid Geithner
Druck: Offsetdruck Heinzelmann, München
Printed in Germany • Imprimé en Allemagne

ISBN 3-7723-4523-9

Vorwort

Unsere heutige Industriegesellschaft vollzieht den Übergang zur Informationsgesellschaft. Wir alle stehen mittendrin. Wir erleben bewußt — aber oft auch so ganz nebenbei — diesen gigantischen Wandlungsprozeß in eine Zukunft mit einer Kommunikation, deren Dimension für den einzelnen aus heutiger Sicht kaum zu überblicken ist.

Mit dem Buch wird versucht, dem interessierten Leser den heutigen Stand der Telekommunikation sowie deren Entwicklung nahezubringen. Dabei spielt das Telefon entsprechend des Buchtitels natürlich die herausragende Rolle. Es werden Kenntnisse und Informationen über das Telefon mit all seinen flankierenden modernen Diensten, wie z. B. das Fernkopieren und der Bildschirmtextdienst bis hin zu den mobilen Telefondiensten einschließlich des Telefonierens über Satellit vermittelt. Bei der Darstellungsweise wurde die Charakteristik eines Einführungsbuches gewählt; es ist also ein Buch für die Anwender. Bei technisch interessanten Gebieten werden jedoch auch tiefergehende Informationen angeboten, um auch Fragen nach der Wirkungsweise eines Dienstes zu beantworten.

Ein Schwerpunkt bildet die Endgerätetechnik. Modelle und Leistungsmerkmale werden vorgestellt und beschrieben. Eine neue Generation von Nebenstellenanlagen, die Telekommunikationsanlagen (TK-Anlagen) halten Einzug in die geschäftlichen und auch privaten Breiche. Sie sind aus den Unternehmen und Verwaltungen nicht mehr wegzudenken; sie sind zu unentbehrlichen Helfern bei der Arbeitsorganisation geworden. Verschiedene Modelle werden darstellt.

Die ab 1.1.1992 in ganz Deutschland gültigen Gesetze und Vorschriften, wie z. B. die Allgemeinen Geschäftsbedingungen oder die Telekommunikationsverordnung der Telekom sind für den Anwender erläutert.

Natürlich können im Rahmen eines solchen Buches nicht alle interessierenden Fragen behandelt werden. So mußte z. B. das Gebiet der Datenübertragung ausgespart werden.

Dank sagen möchte ich all denen, die mich bei der Erarbeitung des Manuskriptes unterstützt haben. Das Dankeschön richtet sich insbesondere an die Generaldirektion Telekom, Geschäftsbereich Öffentlichkeitsarbeit, an die Direktion Telekom Erfurt, Referat Öffentlichkeit und Referat Recht, an das Zentralamt für Mobilfunk in Münster sowie an die vielen, hier nicht einzeln aufzählbaren Unternehmen, die mich mit

Vorwort

Fotos und Informationen unterstützt haben. Sie sind in den entsprechenden Textstellen genannt. Meinem Sohn Ralf und Frau Huth danke ich für das Erstellen verschiedener Zeichnungen. Ein besonderer Dank gilt meiner Frau für ihr Verständnis für diese doch sehr zeitaufwendige Arbeit.

Mai 1992

Wichtiger Hinweis

Die in diesem Buch wiedergegebenen Schaltungen und Verfahren werden ohne Rücksicht auf die Patentlage mitgeteilt. Sie sind ausschließlich für Amateur- und Lehrzwecke bestimmt und dürfen nicht gewerblich genutzt werden*).
Alle Schaltungen und technischen Angaben in diesem Buch wurden vom Autor mit größter Sorgfalt erarbeitet bzw. zusammengestellt und unter Einschaltung wirksamer Kontrollmaßnahmen reproduziert. Trotzdem sind Fehler nicht ganz auszuschließen. Der Verlag und der Autor sehen sich deshalb gezwungen, darauf hinzuweisen, daß sie weder eine Garantie noch die juristische Verantwortung oder irgendeine Haftung für Folgen, die auf fehlerhafte Angaben zurückgehen, übernehmen können. Für die Mitteilung eventueller Fehler sind Autor und Verlag jederzeit dankbar.

---
*) Bei gewerblicher Nutzung ist vorher die Genehmigung des möglichen Lizenzinhabers einzuholen.

Inhalt

1	**Die Fernmeldedienste der Deutschen Bundespost Telekom**	11
1.1	Der Telefondienst	11
1.2	Der Telefaxdienst	16
1.3	Der Teletexdienst	16
1.4	Der Telexdienst	16
1.5	Der Telegrammdienst	17
1.6	Der Datenübermittlungsdienst	17
1.7	Der Bildschirmtextdienst	17
1.8	Der Teleboxdienst	18
1.9	Öffentliche Mobilfunkdienste	18
1.10	Der Breitbandverteildienst	18
2	**Die Fernmeldenetze der Deutschen Bundespost Telekom**	20
2.1	Historisches und Geschichtliches	20
2.2	Arten der Fernmeldenetze	21
2.2.1	Netzformen	21
2.2.1.1	Das Maschennetz	22
2.2.1.2	Das Sternnetz	22
2.2.1.3	Das Reihennetz und das Ringnetz	23
2.2.2	Das Ortsnetz	24
2.2.3	Das überregionale Fernnetz	26
2.3	Die Fernmeldenetze und deren heutige Nutzung	29
2.3.1	Das Fernsprechnetz	29
2.3.2	Das integrierte Text- und Datennetz	29
2.3.3	Das Breitbandverteilnetz	30
2.4	Das digitalisierte Fernsprechnetz	30
3	**Fernsprechvermittlungstechnik**	34
3.1	Ortsvermittlungsstelle mit mechanischen Wählern	34
3.2	Fernvermittlungsstelle	35
3.3	Digitale Vermittlungsstelle	36
3.4	Die Telefonrufnummer des Teilnehmers	38

4	**ISDN — Das Netz der Zukunft**	42
4.1	Grundlegende Merkmale des ISDN	43
4.2	Der Nutzen von ISDN für den Kunden	44
4.3	Zur Technik im ISDN	47
4.3.1	Der Basisanschluß	47
4.3.2	Der Primärmultiplexanschluß	48
5	**Telefonapparate**	49
5.1	Das analoge Telefon	49
5.1.1	Standardtelefone	51
5.1.2	Komforttelefone	52
5.1.3	Kompakttelefone	56
5.1.4	Schnurlose Telefone	56
5.1.5	Klubtelefone	57
5.1.6	Telefone für Behinderte	59
5.1.7	Das Kreditkartentelefon	60
5.2	ISDN-Telefone	61
5.3	Telefon-Zusatzgeräte	66
5.4	Zusammenstellung der von der DBP vertriebenen Telefone	67
5.5	Anrufbeantworter	70
6	**Telefonanschaltetechnik**	72
6.1	Die Telekommunikations-Anschluß-Einheit TAE	72
6.2	Mehrfachanschaltung von Telefonen	76
6.3	Der Übergabepunkt der Deutschen Bundespost	79
6.4	Installation von Telefonen	80
7	**Öffentliche Telefone**	83
7.1	Öffentliche Münztelefone	83
7.2	Teilnehmermünztelefone	85
7.3	Öffentliche Kartentelefone	85
7.3.1	Die Telefonkarte	87
7.3.2	Die TeleKarte	88
7.3.3	Kreditkarten	89
8	**Telefonieren über Funk**	91
8.1	Das Funktelefonnetz A	92
8.2	Das Funktelefonnetz B	92
8.3	Das Funktelefonnetz B/B2	93
8.4	Das Funktelefonnetz C	93
8.4.1	Technik im C-Netz	98
8.5	Das Funktelefonnetz D	102

8.6	PCN	105
8.7	Mobilfunktelefone	106
8.8	Funkversorgungsgebiete des Mobilfunks in Deutschland	115
8.9	Drahtlose Anschlußleitungen DAL	119
9	**Funkruf oder Paging**	**122**
9.1	Cityruf	123
9.2	Eurosignal	126
9.3	Euromessage	128
9.4	ERMES	129
10	**Telepoint-System „birdie"**	**131**
11	**Nebenstellenanlagen**	**134**
11.1	Vorzimmeranlagen	135
11.2	Reihenanlagen	135
11.3	Wählanlagen	136
11.4	Makleranlagen	139
11.5	Auftragsanlagen	139
11.6	Hybridanlagen	140
11.7	Beispiele moderner kleiner Telefonanlagen	140
11.7.1	Kleine Telefonanlagen ohne Netzanschluß	141
11.7.2	Kleine Telefonanlagen mit Netzanschluß	142
11.8	Moderne Telekommunikationsanlagen	144
11.8.1	ISDN-fähige TK-Anlagen	154
12	**Telefaxgeräte**	**162**
12.1	Grundlagen des Fernkopierens	162
12.2	Einteilung der Faxgeräte in Gruppen	166
12.3	Beispiele moderner Faxgeräte	167
12.4	Häufige Begriffe aus der Faxtechnik	172
12.5	Mobiles Faxen	175
13	**Bildschirmtext Btx**	**177**
13.1	Das Btx-System	178
13.2	Endgerätekonfiguration beim Btx-Teilnehmer	180
13.3	Zugang zum Btx-Dienst	181
13.4	Multifunktionale Endgeräte für Btx	183
14	**Telekommunikation über Satellit**	**185**
14.1	Historischer Rückblick	185
14.2	INTELSAT	186

Inhalt

14.3 EUROSAT 187
14.4 Der Fernmeldesatellit Kopernikus 188
14.5 Satelliten im Vergleich 189
14.6 Innerdeutsche Satellitendienste 190
14.7 INMARSAT 192
14.8 Flugzeug-Telefone 195

15 Rechtsgrundlagen für den Anwender 197
15.1 Gesetzliche Grundlagen in ganz Deutschland ab 1.1.1992 198
15.2 Die Telekommunikationsverordnung 198
15.3 Die Telekom-Datenschutzverordnung 201
15.4 Die Allgemeinen Geschäftsbedingungen 201
15.5 Leistungsbeschreibung/Tariflisten/Preise 202
15.6 Das Bundesamt für Post- und Telekommunikation 203
15.7 Das Bundesamt für Zulassungen in der Telekommunikation 204

16 Tarife und Preise 205

Literatur 210

Sachverzeichnis 212

1 Die Fernmeldedienste der Deutschen Bundespost TELEKOM

Es ist davon auszugehen, daß nach Abschluß der „Aufholjagd" und nach Realisierung der in der Konzeption „TELEKOM 2000" formulierten Ziele für die neuen Bundesländer alsbald in ganz Deutschland flächendeckend und einheitlich alle Fernmelde- bzw. Telekommunikationsdienste von der Deutschen Bundespost Telekom jedem Benutzer und Anwender zur Verfügung gestellt werden. Es werden somit in den nachfolgenden Erläuterungen der Dienste im allgemeinen keine Unterschiede zwischen den alten und neuen Bundesländern betrachtet. Auf spezielle Besonderheiten wird in den Abschnitten hingewiesen.

1.1 Der Telefondienst

Der Telefondienst dient zur sprachlichen Kommunikation zwischen seinen Teilnehmern. Es ist der am umfangreichsten ausgebaute Dienst. Er wird in Deutschland von bereits über 32 Millionen und weltweit von über 600 Millionen Teilnehmern genutzt. Der Telefondienst beinhaltet im wesentlichen folgende Dienstemerkmale [1]

Wählverbindungen

Über das öffentliche Telefonnetz kann der Kunde alle Orts-, Nah-, Fern- und internationale Verbindungen durch Wahl (Nummernschalter oder Tastwahlblock) selbst herstellen. Durch den vollautomatischen Ausbau der Vermittlungstechnik werden heutzutage 99 v. H. Verbindungen durch die Kunden selbst hergestellt.

Neben den Wählverbindungen der „Drahtkunden" untereinander gewinnen die zu und über die mobilen Funktelefonanschlüsse (C-Netz und D-Netz) aufgebauten Verbindungen immer mehr an Bedeutung.

Der Auskunftsdienst Inland

Die Aufgabe des Auskunftsdienstes Inland besteht bei telefonischer Anfrage in der Bekanntgabe von Rufnummern von

- Telefonanschlüssen und Universalanschlüssen eventuell mit Adressen im Verantwortungsbereich der Telekom,

1 Die Fernmeldedienste der Deutschen Bundespost TELEKOM

- Telefonanschlüssen an denen Telefaxgeräte betrieben werden,
- Funktelefonanschlüssen (C-Netz und D1-Netz),
- Service-130-Anschlüssen,
- anrufbaren öffentlichen Telefonstellen (Standorte),
- Telebriefstellen (Zuständigkeitsbereiche und Öffnungszeiten),

sowie der Bekanntgabe von
- Ortsnetzkennzahlen der Telekom-Netzbereiche,
- Kennzahlen der Funkvermittlungsbereiche der Telekom und
- Tarife und Zeittakte für Telefonverbindungen im Bereich der Telekom (Verbindungsentgelte).

Es werden auch von Kunden vorbereitete Listen mit Auskunftsersuchen schriftlich oder telefonisch bearbeitet.

Der Auskunftsdienst der Telekom verfügt über mehr als 35 Millionen gespeicherter Rufnummern von Wählanschlüssen. Bundesweit gibt es 85 Auskunftsstellen (alte und neue Bundesländer). Das Jahresaufkommen liegt bei etwa 330 Millionen Auskunftsersuchen.

Die Zugangsrufnummer für die Inlandauskunft ist 01188. Auch in den neuen Bundesländern ist diese Rufnummer nunmehr flächendeckend eingeführt.

Der Auskunftsdienst Ausland

Der Auskunftsdienst Ausland erteilt auf Anfrage Auskünfte über
- Länder- und Ortsnetzkennzahlen im Ausland,
- Rufnummern von Teilnehmern außerhalb des Bereiches der Telekom

und bearbeitet ebenfalls schriftlich oder telefonisch vorbereitete Auskunftslisten von Kunden.

Bundesweit gibt es sechs Auskunftsstellen für das Ausland in Hamburg, Köln, Düsseldorf, Frankfurt/Main, Stuttgart und München.

Die Zugangsrufnummer ist bundeseinheitlich 00118.

Die Anrufweiterschaltung „GEDAN"

GEDAN steht für „Gerät zur dezentralen Anrufweiterschaltung". Damit werden am Hauptanschluß ankommende Gespräche zu einem vom Nutzer zu bestimmenden anderen Telefonanschluß weitergeschaltet. Eine solche Möglichkeit sollten solche Kunden nutzen, die häufig auf Reisen sind oder Geschäftsleute, die die im nichtbesetzten Büro ankommenden Anrufe z. B. zur Wohnung umgelenkt haben möchten.

Mit GEDAN ist man überall erreichbar.

Es gibt vier verschiedene Ausführungen oder Betriebsweisen der Anrufweiterschaltung

- Anrufweiterschaltung 1
  Das ist die ständige Anrufweiterschaltung zu einem ganz bestimmten anderen Telefonanschluß.
- Anrufweiterschaltung 2
  Bei dieser Variante kann der Kunde mittels eines Handprogrammiersenders die Anrufweiterschaltung zu einem bestimmten Anschluß selbst aktivieren. Man spricht hier auch von der abschaltbaren Weiterschaltung.
- Anrufweiterschaltung 3
  Hier kann der Kunde mit einem Handprogrammiersender zu beliebigen Zeiten die Anrufe zu beliebigen anderen Anschlüssen weiterschalten.
- Anrufweiterschaltung 4
  Das ist die höchste Form der Anrufweiterschaltung. Man kann mit dem Programmiersender von jedem anderen Anschluß (weltweit) die Anrufweiterschaltung fernsteuern und die gewünschten Zeiten und Zieltelefone eingeben.

Der Ansagedienst

Dieser Dienst hat sich in den letzten Jahren immer mehr erweitert und erfreut sich eines großen Kundenstammes. Die Telekom betreibt insgesamt 40 Ansagestellen mit über 30 Ansagen. Dabei ist die Zeitansage mit der Zugangsrufnummer 1191 oder 01191 die am häufigsten gewählte Ansage.

Für die Ansagedienste gibt es unterschiedliche Rufnummern. So unterscheidet man die Zugangsrufnummern 116 oder 0116 für die nationalen bzw. bundesweiten Ansagen von den regionalen Ansagen mit den Rufnummern 115 oder 0115.

Einige nationale Ansagen sind:

Börsennachrichten Inland:	01168
Börsennachrichten Ausland:	011608
Fußballtoto:	01161
Klassenlotterie:	011607
Medizinmeteorologische Hinweise (Pollenflug) :	011601
Nachrichten vom Tage:	01165
Reisewetter/Wintersport:	011600

Sportnachrichten:	01163
Straßenzustandsbericht (im Winter):	01169
Wettervorhersage:	01164
Zahlenlotto:	01162

Auftragsdienstleistungen

Die Telekom bietet im Rahmen dieser Dienstleistung für die Telefonkunden folgendes Angebot an [2]:

- Weckauftrag
  Die Kunden werden zur gewünschten Zeit geweckt. Man unterscheidet Einzel- und Daueraufträge.
- Erinnerungsauftrag
  Der Kunde wird zu einer von ihm bestimmten Zeit an wichtigeAngelegenheiten erinnert.
- Benachrichtigungsauftrag
  Eine vom Kunden vorgegebene Nachricht wird zu einer bestimmten Zeit an einen anderen (oder mehrere) Fernsprechteilnehmer übermittelt.
- Abwesentheitsauftrag
  Für nicht anwesende Kunden werden die unter seiner Rufnummer ankommenden Gespräche durch die Telekom entgegengenommen. Bei entsprechender Vereinbarung werden auch Nachrichten aufgenommen und weitergegeben.

Die Zugangsrufnummern sind einheitlich 1141 oder 01141. Die Rufnummern der Sonderdienste sind in den Telefonbüchern nachzulesen.

Der Hinweisdienst

Der Hinweisdienst wurde geschaffen, um den Telefonkunden Informationen über nicht beschaltete Anschlüsse, geänderte Rufnummern oder gestörte bzw. vorübergehend nicht erreichbare Anschlüsse zu geben. Dadurch wird ein ständiges Wiederholen des Verbindungsaufbaues durch den Anrufer vermieden.

Die wichtigsten Hinweisansagen sind:
- „Kein Anschluß unter dieser Nummer",
- „Bitte rufen Sie die Auskunft an",
- „Dieser Anschluß ist vorübergehend nicht erreichbar",
- „Bitte wählen Sie die im Telefonbuch in spitzer Klammer stehende Telefonnummer",
- „Keine Verbindung unter dieser Vorwahl".

1.1 Der Telefondienst

Das Notrufsystem

Zur schnellen Information von Polizei, Feuerwehr oder Schneller medizinischer Hilfe steht ein einheitliches Notrufsystem mit den bekannten Kurznummern zur Verfügung:

Polizei-Notruf: 110
Feuerwehr-Notruf: 112

In den neuen Bundesländern gelten diese Rufnummern ebenfalls. Für die Schnelle medizinische Hilfe ist die Rufnummer 115 reserviert.

Der Service 130

Service 130 bedeutet für den Anrufer telefonieren zum Nulltarif. Über die Zugangsrufnummer 0130 und anschließender besonderer Kundennummer können die entsprechenden Anbieter für den Anrufer kostenlos erreicht werden. Die aufkommenden Gesprächskosten werden vom Service-130-Anbieter übernommen. Es gibt z. Zt. schon über 6000 Anbieter. Anwender sind solche Unternehmen und Gesellschaften, die sich Wettbewerbsvorteile gegenüber Konkurrenten verschaffen wollen. Der Service-130 ist aufgeteilt in regionale, nationale und internationale Ebenen. Man kann also auch mit ausländischen Anbietern kostenlos telefonieren. Zur Zeit sind Verträge mit 23 Ländern abgeschlossen.

Televotum

Dieser Dienst ist bekannt unter dem Namen „TED" aus den verschiedensten Rundfunk- und Fernsehveranstaltungen, wenn es um ein Votum der Zuschauer für ein bestimmtes Lied oder um einen bestimmten Künstler geht. Auch Meinungen der Zuschauer zu aktuellen politischen oder sozialen Fragen können mit Televotum „erforscht" werden.

Die bundeseinheitliche Zugangsrufnummer ist die 0137. Für den Anrufer wird nur eine Tarifeinheit (Ortstarif) berechnet. Der Auftrags- und Koordinierungsplatz befindet sich in Frankfurt/Main.

Die eingehenden Anrufe werden entsprechend ihrer Zuordnung gezählt und das Ergebnis steht sofort zur Verfügung. Der Anrufer erhält von der Televotum-Zentrale den Hinweis: „Ihr Anruf ist gezählt; bitte auflegen".

Telekom-Service

Mit diesem Dienst bietet die Telekom dem Telefonkunden ein breitgefächertes Netz von konkreten Hilfeleistungen an. Insbesondere betrifft das die Instandhaltung, die Wartung, und die Störungsbeseitigung an Endgeräten.

1 Die Fernmeldedienste der Deutschen Bundespost TELEKOM

Die Telekom-Service-Stellen sind einheitlich unter folgenden Rufnummern zu erreichen:

- für den Telefon- und Bildschirmtextdienst: 1171 oder 01171
- für den Telex-, Telefax-, Teletex,— und Datendienst: 1172 oder 01172
- für Störungen bei Rundfunk und Fernsehen
  sowie Kabelanschluß; Funkdienste; Cityruf; Eurosignal: 1174 oder 01174

1.2. Der Telefaxdienst

Mit dem Telefaxdienst werden über das Fernsprechnetz originalgetreu und körperlos schriftliche Vorlagen (Text, Bilder, Zeichnungen usw.) fernkopiert. Das Prinzip besteht darin, daß auf photoelektronischem Wege die zu übertragende Vorlage beim Teilnehmer A in Rasterpunkte zerlegt und in elektrische Signale umgewandelt wird. Nach der Übertragung erfolgt beim Teilnehmer B die Rückumwandlung und das sofortige Ausdrucken der gesendeten Vorlage.

Der von der Deutschen Bundespost Telekom angebotene Telefaxdienst boomt gewaltig. Die Teilnehmerzahlen stiegen von etwa 2000 im Jahre 1979 (Einführung des Telefaxdienstes) auf ca. 1 Million im Jahr 1992.

1.3 Der Teletexdienst

Der Teletexdienst wird von der Deutschen Bundespost Telekom seit 1981 angeboten und wird heute von etwa 20000 Teilnehmern genutzt. Im Teletextdienst werden neu erstellte oder gespeicherte Texte von Büromaschinen (z. B. Speicherschreibmaschinen oder PC) direkt an den Empfänger über das Datennetz DATEX-L gesendet. Zum Dienstemerkmal gehört, daß die zu übertragenen Texte, wie Rechnungen, Briefe, Dokumente und ähnliches seitenweise und im richtigen Format beim Empfänger wiedergegeben werden. Übertragen werden alle lateinischen Schriftzeichen entsprechend den Schreibmaschinentastaturen. Der Teletexdienst arbeitet im Speicher-Speicher-Betrieb. Eingehende Texte werden dem Empfänger signalisiert [3].

1.4 Der Telexdienst

Dieser Veteran der Textteilnehmerdienste ist nach wie vor aktuell, auch wenn ihm nach und nach der Rang durch den Telefaxdienst abgelaufen wird. Trotzdem nutzen noch ca. 2 Millionen Kunden in über 200 Ländern diesen schon 1931 ins Leben gerufenen Fernschreibdienst.

Teilnehmer des Telexdienstes tauschen ihre Textnachrichten mittels der bekannten Fernschreibmaschinen über das öffentliche Telexnetz aus. Die immer noch vorhandene große Akzeptanz resultiert offenbar aus der Zuverlässigkeit und Kalkulierbarkeit dieses Dienstes für den Kunden.

1.5 Der Telegrammdienst

Nutzer dieses Dienstes übermitteln schriftliche Nachrichten an einen Empfänger. Die Aufgabe der Nachricht erfolgt entweder bei der zuständigen Telegrammaufnahme (meist telefonisch) oder am Postschalter (schriftlich). Die Zustellung zum Empfänger erfolgt entweder durch das telefonische Zusprechen oder durch den Telegrammboten des regionalen Postamtes. Telegramme können auch über Telefax, Teletex oder Telex aufgegeben bzw. zugestellt werden. Die Telegrammaufnahme erreicht man bundeseinheitlich über die Rufnummer 01131.

1.6 Der Datenübermittlungsdienst

Die zwei bedeutendsten Datenübermittlungsdienste der Deutschen Bundespost Telekom sind die Dienste

DATEX-L und

DATEX-P.

Datex-L steht für die leitungsvermittelte und Datex-P für die paketvermittelte Datenübertragung.

Während bei Datex-L für eine Datenübertragung eine konkrete Leitung fest zugeordnet wird, erfolgt bei DATEX-P das Belegen der Übertragungskapazitäten nur dann, wenn auch tatsächlich Daten übertragen werden.

1.7 Der Bildschirmtextdienst

Der Bildschirmtextdienst, kurz Btx genannt, ist ein rechnergestützter Informations- und Kommunikationsdienst der Deutschen Bundespost Telekom. Er ermöglicht allen Teilnehmern den individuellen Mitteilungsaustausch, den Informationsabruf sowie den Zugang zu Datenverarbeitungsprozessen bei Darstellung der Texte und Graphiken auf dem Bildschirmgerät. Der Zugang zum Bildschirmtextdienst ist jetzt durch den Datex-J-Zugang mit der Rufnummer 01910 bundeseinheitlich möglich.

1 Die Fernmeldedienste der Deutschen Bundespost TELEKOM

1.8 Der Teleboxdienst

Telebox ist ein Dienst der Deutschen Bundespost Telekom für elektronische Mitteilungen von Teilnehmer zu Teilnehmer. Jeder Benutzer erhält eine eigene Adresse und ein Passwort, mit denen das Eingeben und Auslesen von Mitteilungen im „elektronischen Briefkasten" möglich ist. Der Teleboxdienst stellt in diesem Speicher jedem Teilnehmer personenbezogene elektronische Speicherplätze (Boxen) zur Verfügung, die zum Hinterlegen von Mitteilungen genutzt werden können. Eine Mitteilung erreicht den Empfänger, indem sie in den Speicher eingegeben und mit einer Zieladresse versehen wird. Der Empfänger der Mitteilung kann jederzeit die unter seiner Adresse hinterlegte Nachricht mit seinem Datenendgerät abrufen. Mit einem akustisch gekoppelten Datenendgerät ist dieses Abrufen letztlich von jedem Fernsprechapparat aus möglich.,

1.9 Öffentliche Mobilfunkdienste

Unter diesem Begriff bietet die DBP Telekom -aber nunmehr auch schon private Anbieter- eine Reihe von interessanten Möglichkeiten der Kommunikation über Funk an. Von besonderer Bedeutung sowohl für den Geschäftsmann als auch für den privaten Bereich ist das analoge Funktelefonnetz C, das digitale Funktelefonnetz D1 und D2, sowie Cityruf, Eurosignal, Chekker und birdie. Der große Vorteil all dieser Funkdienste ist im wesentlichen die örtliche Unabhängigkeit beim Telefonieren und die Tatsache, jederzeit erreichbar zu sein.

1.10 Der Breitbandverteildienst

Über den Breitbandverteildienst werden die Ton- und Fernsehrundfunkprogramme den Inhabern eines Kabelanschlusses in bester Qualität zur Verfügung gestellt. Die Technik ist so ausgelegt, daß in Zukunft bis zu 38 Fernsehprogramme und 30 UKW-Hörrundfunkprogramme sowie 16 digitale Satellitenhörfunkprogramme verteilt werden können [4].

Soweit die Kurzbeschreibungen der wichtigsten Dienste der Deutschen Bundespost Telekom. *Abb. 1.1* zeigt ihre Zuordnung zu den Netzen. Auf bestimmte Dienste wird in den speziellen Abschnitten noch näher eingegangen.

1.10 Der Breitbandverteildienst

Dienstbezeichnung der Telekom

Oberbegriff	Unterbegriff	Netze/Netzzugang/ Frequenzen
Sprachdienst	Telefondienst	Fernsprechnetz
Textdienste	Telefaxdienst	Fernsprechnetz
	Teletexdienst	Datex-L-Netz
	Telexdienst	Telexnetz
	Telegrammdienst	Telexnetz/ Fernsprechnetz
	Bildschirmtextdienst	Fernsprechnetz/ Datex-P-Netz
	Teleboxdienst	Datex-P-Netz
Datenübermittlungsdienste	Leitungsvermittelte Datenübertragung	Datex-L-Netz
	Paketvermittelte Datenübertragung	Datex-P-Netz
Funkdienste (öffentlich)	Mobilfunk A	nicht mehr in Betrieb 156-174 MHz
	Mobilfunk B	geht außer Betrieb 146-156 MHz
	Mobilfunk C	Funktelefonnetz C 450 MHz-Bereich
	Mobilfunk D	Funktelefonnetze D1 (Telekom) und D2 (Mannesmann) 900 MHz-Bereich
	City-Ruf	Funknetz (470 MHz-Bereich)
	Eurosignal	Funknetz (87 MHz-Bereich)
	Chekker	Funknetz (410 - 430 MHz)
	birdie	Funknetz (864 - 888 MHz)
Breitbandverteildienste	Tonrundfunk und Fernsehrundfunk	47 - 202 MHz und 202 - 446 MHz

Abb. 1.1 Die wichtigsten Dienste der Telekom und ihre Zuordnung zu den Netzen

2 Die Fernmeldenetze der Deutschen Bundespost TELEKOM

2.1 Historisches und Geschichtliches

Die Geschichte des Telefons beginnt mit dem deutschen Lehrer Phillip Reis (1834-1874). Er konstruierte 1860 ein Gerät, mit dem sich alle Töne wiedergeben liesen. Im Physikalischen Verein in Frankfurt am Main stellt er am 26. Oktober 1861 im Rahmen seines Vortrages ,,Über Telephonie durch galvanischen Strom" dieses Gerät, von ihm ,,Telephon" genannt, erstmals der Öffentlichkeit vor. Aber das war es auch schon. Seine Erfindung blieb folgenlos und wurde von der Öffentlichkeit nicht weiter beachtet.

Anders handelte dagegen Alexander Graham Bell (1847-1922), ein Taubstummenlehrer aus Elgin in Schottland und ab 1871 in den USA lebend. Ihm gelang der technische Durchbruch. Es war ihm gelungen, die Schwingungen der menschlichen Stimme in analoge elektrische Ströme umzusetzen, zu übertragen und in einer gewissen Entfernung verständlich wiederzugeben. Er meldete am 14. Februar 1876, also 15 Jahre nach der Erfindung des Telephons durch Phillip Reis, die von ihm erfundene ,,Sprechmaschine" zum Patent an. Er kam übrigens damit dem Amerikaner Elisha Gray, der gleichfalls solch einen Apparat entwickelte, nur um zwei Stunden zuvor.

Auf der Weltausstellung 1876 in Philadelphia wurde das Bell-Telefon erstmals der Öffentlichkeit vorgeführt. Der erste Kunde in Amerika benutzte das Bell-Telefon am 1. Mai 1877. Und schon am 9. Juli des gleichen Jahres wurde die Bell-Telephone-Company gegründet. Noch heute trägt eine große amerikanische private Telefongesellschaft diesen Namen.

Nachdem in Deutschland 1877 die ersten ausführlichen Informationen über das Telefon von Bell durch die Veröffentlichungen in der Zeitschrift ,,Scientific American" vorlagen, beschloß die Reichstelegraphenverwaltung am 18. Oktober 1877 solche Apparate zu beschaffen und entsprechende Fernsprechversuche durchzuführen.

Dabei kommt dem Generalpostmeister der Kaiserlichen Reichspost, Heinrich Stephan, das Verdienst zu, die Bedeutung des Telefons erkannt zu haben und es als neues Nachrichtenmittel in Deutschland eingeführt zu haben. In Berlin ließ er am 24. Oktober 1877 einen solchen Versuch mit zwei Bell-Telefonen durchführen und schon zwei Tage später gelang es, die erste Sprechverbindung zwischen dem Generalpostamt und dem etwa zwei Kilometer entfernten Generaltelegrafenamt herzustellen.

Der 26. Oktober 1877 ist somit die Geburtsstunde der Telefonie in Deutschland.

Nun ging es in Deutschland rasant weiter. Am 1. April 1881 erfolgte die Inbetriebnahme des ersten deutschen Fernsprechnetzes in Berlin mit zunächst 48 Teinehmern. Im gleichen Jahr wurden Stadtfernsprechnetze in Hamburg, Frankfurt/Main, Breslau, Mannheim und Köln eingeschaltet. Schon sieben Jahre später, also 1898 waren in Berlin bereits 46000 Teilnehmer angeschaltet; und 1914 waren es schon 155000!

Am 10. Juli 1908 wurde in Hildesheim die erste deutsche Wählvermittlungsstelle eröffnet. Das war der Beginn des Übergangs von der Hand- zur automatischen Fernsprechvermittlung. Die Entwicklung der Fernmeldenetze wurde durch den 1. Weltkrieg um Jahre zurückgeworfen; das gleiche trifft auch auf den 2. Weltkrieg zu. Ab 1922 wurde der weitere Ausbau der Wählvermittlungsstellen enorm vorangetrieben, da die Handvermittlung die Vielzahl der gewünschten Ortsgesprächsverbindungen nicht mehr bewältigen konnte. 1936 war dann in Berlin die Umstellung auf Wählbetrieb abgeschlossen.

Der automatische Fernwahlverkehr erfolgte versuchsweise 1923 mit der Netzgruppe Weilheim. Und im Jahre 1948 wurde der Startschuß für den vereinfachten Selbstwählferndienst für Deutschland gegeben. Die erste internationale Selbstwählfernverbindung wurde 1955 mit der Schweiz eröffnet.

Heute verbindet das weltweit ausgebaute Fernsprechnetz nahezu 600 Millionen Teilnehmer. Das Telefon ist zum verbreitesten Kommunikationsinstrument in der Welt geworden.

2.2 Arten der Fernmeldenetze

Die Bezeichnungen für die Fernsprechnetze sind sehr vielfältig und oft auch unterschiedlich. Im täglichen Sprachgebrauch nimmt man es mit den Begriffen nicht so genau, obwohl die Netzbezeichnungen exakt definiert sind. Für den Laien ist die Begriffsvielfalt kaum überschaubar. Namen, wie Ortsnetze, Fernnetze, Weitnetze, analoge oder digitale Netze, Overlaynetz, Maschennetz, Netzebenen, Sternnetze oder Übertragungsnetze usw., um nur einige zu nennen, sind verwirrend. Nachfolgend werden diese Netze erläutert.

2.2.1 Netzformen

Die wichtigste Aufgabe der Fernmeldetechnik besteht darin, das zwischen beliebigen Teinehmern (Fernsprechteilnehmer, Datenteilnehmer, Telefaxteilnehmer usw.) vor-

2 Die Fernmeldenetze der Deutschen Bundespost TELEKOM

handene Bedürfnis des Nachrichtenaustausches bzw. Informationsaustausches möglichst schnell und wirtschaftlich zu befriedigen und natürlich aus der Sicht der Netzbetreiber auch zu garantieren.

Diese sich mit den Begriffen „schnell und wirtschaftlich" widersprechenden Forderungen an das gesamte Fernmeldenetz führte zwangsläufig zu einem theoretisch begründeten und praktisch möglichen Kompromiß zwischen den Anforderungen an den Informationsaustausch, der Netzform und des Ausstattungsgrades der technischen Vermittlungseinrichtungen, um letzlich ein technisches und wirtschaftliches Optimum zu erreichen.

Die im Laufe der Entwicklung entstandenen Netzformen wurden geprägt durch diese oben angeführten Forderungen und sind letzlich auch heute in den modernen Fernmeldenetzen noch oder in ähnlichen Strukturen vorhanden [5].

2.2.1.1 Das Maschennetz

Sind alle gleichberechtigten Knoten einer Netzebene durch direkte Leitungsbündel miteinander verbunden, so spricht man von einem Maschennetz (*Abb. 2.1*). Als Beispiel sei hier das Fernnetz zwischen den Weitvermittlungsstellen in Deutschland genannt.

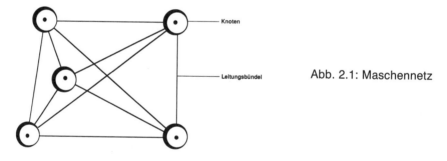

Abb. 2.1: Maschennetz

2.2.1.2 Das Sternnetz

Wird aus einer bestimmten Anzahl von Knoten der zentral liegende besonders ausgezeichnet und mit den anderen strahlenförmig verbunden, so entsteht das Sternnetz (*Abb. 2.2*). Nach diesem Sternnetzprinzip sind die Orts-Anschlußliniennetze aufgebaut.

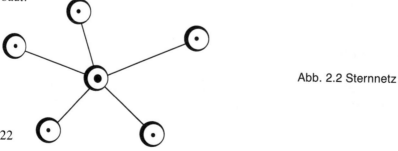

Abb. 2.2 Sternnetz

2.2.1.3 Das Reihennetz und das Ringnetz

Abb. 2.3 zeigt diese beiden Netzformen, die sich nur durch ihre geschlossene (Ringnetz) oder offene Bauweise (Reihennetz) unterscheiden. Angewandt werden solche Netzformen bei besonderen geographischen Verhältnissen, z. B. das Reihennetz in Gebirgstälern oder das Ringnetz im überregionalen Liniennetz. Hierbei bietet das Ringnetz eine erhöhte Sicherheit gegen Störungen und Ausfälle im Übertragungsnetz, da letztlich jeder Knoten von zwei Linien angelaufen wird.

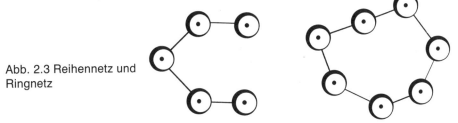

Abb. 2.3 Reihennetz und Ringnetz

Die einzelnen Netzformen treten in der Praxis meist in kombinierter Form auf. *Abb. 2.4* zeigt die z. Zt. aktuellen Netzebenen der Deutschen Bundespost Telekom vom Ortsnetz bis hin zum überregionalen Weitverkehrsnetz.

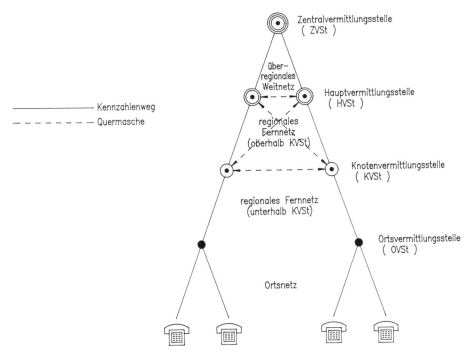

Abb. 2.4 Darstellung der Netzebenen des Fernmeldeliniennetzes der Deutschen Bundespost Telekom

2 Die Fernmeldenetze der Deutschen Bundespost Telekom

2.2.2 Das Ortsnetz

Das Ortsnetz als unterste Ebene des Fernmeldenetzes besteht aus einer oder mehreren Ortsvermittlungsstellen (OVSt), den Ortsverbindungsleitungen (OvL) zwischen den OVSt'n, den Anschlußleitungen zwischen Teilnehmerendeinrichtung und OVSt'n sowie den Endgeräten, in der Regel das Telefon, beim Teilnehmer selbst. Die Teilnehmer sind sternförmig über die Anschlußleitung mit ihrer Ortsvermittlungsstelle verbunden. Jeder Teilnehmer hat seine eigene Anschlußleitung. Diese Aussage trifft jedoch noch nicht auf die neuen Bundesländer zu, da hier ca. 50 % der Hauptanschlüsse als Zweieranschlüsse geschaltet sind. Die Zweierpartner haben zwar ihre eigene Rufnummer, aber benutzen eine gemeinsame Anschlußleitung. Der Nachteil ist, sie können sich nicht gegenseitig anrufen und wenn ein Zweierpartner telefoniert, ist der andere Partner blockiert.

Der Netzknoten im Ortsnetz wird durch die Ortsvermittlungsstelle gebildet. Durch sie erfolgt die Vermittlung der Teilnehmer innerhalb des Ortsnetzes und über die Verkehrsausscheidungskennziffer 0 die Vermittlung zur nächsten Netzebene, d. h. über den Fernnetzbereich zur Knotenvermittlungsstelle.

Jede Ortsvermittlungsstelle hat ihren Anschlußbereich. Alle Teilnehmer in diesem Bereich sind ihr zugeordnet. Die Größe bzw. die flächenmäßige Ausdehnung eines Anschlußbereiches ist begrenzt durch die mit zunehmender Leitungslänge auftretende Übertragungsdämpfung. Die Teilnehmer werden also über kurze Leitungen in konzentrierter Form (viele Teilnehmer) an die im Regelfall im Schwerpunkt liegende OVSt angeschlossen.

In größeren Städten und in Ballungsgebieten sind deshalb mehrere OVSt'n erforderlich. Die Anschlußbereiche der einzelnen OVSt'n bilden das Ortsnetz. Charakteristisch für das Ortsnetz ist der einheitliche Numerierungsplan. Das heißt, ein Teilnehmer wird von allen anderen Teilnehmern des Ortsnetzes stets durch die Wahl der gleichen Rufnummer erreicht.

In Abb. 2.5 ist ein Ortsnetz mit mehreren Ortsvermittlungsstellen dargestellt. Es handelt sich hier um das Ortsnetz der thüringischen Landeshauptstadt Erfurt. Das Ortsnetz Erfurt umfaßt ca. 42000 Teilnehmer.

2.2 Arten der Fernmeldenetze

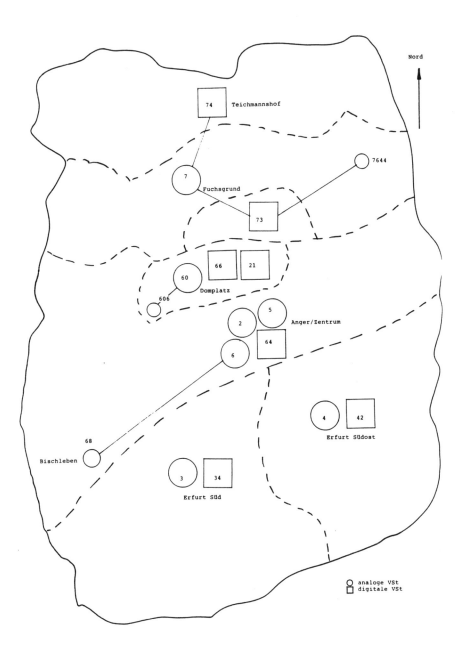

Abb. 2.5: Das Ortsnetz von Erfurt

2.2.3 Das überregionale Fernnetz

Dieses Netz verbindet maschenartig alle Hauptvermittlungsstellen (HVSt) und Zentralvermittlungsstellen (ZVSt) untereinander. Über dieses Netz werden praktisch alle regionalen Fernnetze verkoppelt. Allgemein wird es als Weitnetz bezeichnet. Über die Verkehrsausscheidungskennziffern 00 erreicht man aus dem Ortsnetz über dieses Weitnetz das internationale Netz. In *Abb 2.6* ist die Struktur des überregionalen Fernnetzes dargestellt. Dabei sind in der Praxis die ZVSt untereinander voll vermascht, die HVSt nicht voll vermascht.

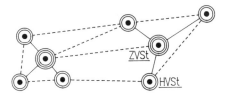

Abb. 2.6 Das überregionale Fernnetz

Mit der Wiedervereinigung Deutschlands und des damit verbundenen Zusammenschlusses der beiden Postunternehmen in Deutschland Ost und Deutschland West stand die konkrete Aufgabe für die Deutsche Bundespost Telekom, ebenfalls die Fernsprechnetze zu vereinigen. Diese Aufgabe war und ist nicht leicht, da hierfür die notwendigen Vorraussetzungen erst geschaffen werden mußten. Die Ergebnisse liegen aber nunmehr vor. Danach werden in Deutschland insgesamt 22 Hauptvermittlungsstandorte in den alten und neuen Bundesländern mit der Funktion einer Weitvermittlungsstelle (WVSt) ausgestattet. Den Begriff der Zentralvermittlungsstelle wird es dann nicht mehr geben.

Die Standorte der Weitvermittlungsstellen in Deutschland und ihre Kennziffern sind:

Kennziffer	Ort
2	Düsseldorf
22	Köln
23	Dortmund
30	Berlin
34	Leipzig
35	Dresden
36	Erfurt
38	Rostock
391	Magdeburg
4	Hamburg

2.2 Arten der Fernmeldenetze

42	Bremen
43	Kiel
5	Hannover
52	Bielefeld
6	Frankfurt/Main
62	Mannheim
7	Stuttgart
72	Karlsruhe
8	München
82	Augsburg
9	Nürnberg
93	Würzburg

Es ist deutlich die Verwirklichung des endgültigen und bundesweiten Kennziffernplanes zu erkennen. Die Weitvermittlungsstellen in den neuen Bundesländern haben die Ziffer 3 vor ihrer bisherigen Kennziffer erhalten und sind damit ab 15. 4. 1992 unter dieser Kennziffer von den alten Bundesländern aus erreichbar (und nicht mehr über die Auslandskennziffer 0037). Ein Teilnehmer in Erfurt wird aus den alten Bundesländern somit durch Wahl der Ortsnetzkennzahl 0361 plus Teilnehmerrufnummer erreicht.

Die Standorte der Weitvermittlungsstellen in Deutschland und die in ihrem Einzugsbereich liegenden Hauptvermittlungsstellen zeigt *Abb. 2.7.*

2 Die Fernmeldenetze der Deutschen Bundespost Telekom

Abb. 2.7: Die Standorte der Weitvermittlungsstellen in Deutschland

2.3 Die Fernmeldenetze und deren heutige Nutzung

Die Telekom bietet die im Abschnitt 1 aufgezählten Fernmeldedienste hauptsächlich über folgende Fernmeldenetze an:

- das Fernsprechnetz
- das integrierte Text- und Datennetz
- das Breitbandverteilnetz.

2.3.1 Das Fernsprechnetz

Das herkömmliche Fernsprechnetz mit seinen etwa 32 Millionen Fernsprechteilnehmern in Deutschland bildet nach wie vor die Grundlage für einen ordnungsgemäßen Nachrichtenaustausch über das Telefon. Die Sprachübertragung erfolgt dabei im Frequenzbereich von 0,3 bis 3,4 kHz. Das Fernsprechnetz ist in großem Maße immer noch gekennzeichnet durch eine analoge Übertragungstechnik, durch elektromechanische Vermittlungstechnik und durch Endgeräte mit Wählscheibe und Impulswahl.

Über das Fernsprechnetz wird der Telefondienst der Telekom angeboten und abgewickelt. Aber inzwischen wird dieses Netz auch von anderen Diensten genutzt, und zwar vom:

- Datenübertragungsdienst mittels Modem,
- Telefaxdienst (Fernkopieren) und vom
- Bildschirmtextdienst (Btx) als Zugangsnetz.

Dieses heutige analoge Fernsprechnetz genügt aber nicht mehr den ständig wachsenden Anforderungen der Anwender. Die Zukunft gehört dem digitalen Fernsprechnetz.

2.3.2 Das integrierte Text- und Datennetz

Das integrierte Text- und Datennetz ist als separates Netz etwa 1976 von der Deutschen Bundespost in Betrieb genommen worden. Es ist ein digitales Fernmeldenetz mit digitaler Übertragungs- und Vermittlungstechnik. Folgende Dienste werden über dieses Netz z. Zt. angeboten:

- der Telexdienst (Fernschreiben),
- der Teletexdienst (Bürofernschreiben),
- der leitungsvermittelte Datendienst (DATEX-L),
- der paketvermittelte Datendienst (DATEX-P) und
- Hauptanschlüsse für Direktruf

Der Teilnehmer bzw. Kunde erhält für jeden Dienst einen eigenen Anschluß. Das IDN kann man auch als Zusammenschluß mehrerer Teilnetze betrachten, bei dem mehrere Netzbestandteile für die einzelnen Dienste gemeinsam genutzt werden.

2.3.3 Das Breitbandverteilnetz

Über dieses Netz erfolgt die Verteilung von Tonrundfunk- und Fernsehprogrammen von den Rundfunkempfangsstellen bis hin zu den Übergabepunkten der Hauseigentümer. Die Technik für Kabelanschluß ist so ausgelegt, daß künftig bis zu 38 Fernsehprogramme und 30 UKW-Hörfunkprogramme vom Kunden empfangen werden können. Auf die Besonderheiten des Breitbandverteilnetzes soll hier nicht weiter eingegangen werden.

2.4 Das digitalisierte Fernsprechnetz

Der Begriff digitalisiertes Fernsprechnetz darf nicht verwechselt werden mit den berühmten und zugleich magischen Buchstaben ISDN, die für „Integrated Sevices Digital Network" stehen und die im Deutschen als „Diensteintegrierendes digitales Fernmeldenetz" bezeichnet werden.

Das digitalisierte Fernsprechnetz ist allerdings als Vorstufe eine Vorraussetzung für die Einführung des ISDN.

Der Unterschied zwischen dem analogen und digitalen Fernsprechnetz besteht im folgenden:

Beim analogen Prinzip werden die elektrischen Schwingungen in ihrer ursprünglichen, d. h. einer den Schallschwingungen entsprechenden Form über die Leitung übertragen. Am Ende der Leitung steht das Originalbild der Schallschwingung unverändert wieder zur Verfügung. Der Nachteil der analogen Übertragung ist die Qualitätseinbuße bei höheren Anforderungen. Beim digitalen Prinzip werden die elektrischen Sprachschwingungen abgetastet und diese Abtastwerte in Form von Zahlenwerten über die Leitung geschickt. *Abb. 2.8* verdeutlicht noch einmal den Unterschied zwischen analoger und digitaler Übertragung.

Digital heißt so viel wie „ausgedrückt in Ziffern". Dabei wird nicht unser bekanntes Dezimalsystem mit 10 Ziffern zugrunde gelegt sondern nur noch die beiden Zeichen 0 und 1, was den physikalischen Zuständen „Strom" und „kein Strom" oder „Ein" und „Aus" entspricht. Die Sprachschwingung wird in Bit-Folgen, bestehend aus „Nullen" und „Einsen", zerlegt und somit verschlüsselt übertragen. Das entspricht einem binären, d. h. zweiwertigen Code.

2.4 Das digitalisierte Fernsprechnetz

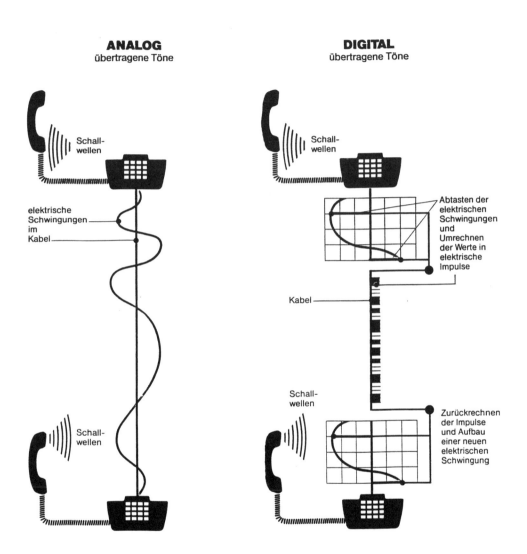

Abb. 2.8: Analoge und digitale Übertragung nach [7]

2 Die Fernmeldenetze der Deutschen Bundespost Telekom

Am Ende der Übertragung erfolgt die Rückverwandlung in die Originalschwingung.

Die heutigen digitalen Übertragungs- und Vermittlungssysteme wenden zur Signalübertragung das PCM-Verfahren an (Puls-Code-Modulation). Dabei sind zur Umwandlung des analogen Signales in das digitale Signal grundsätzlich die Schritte

- Abtasten,
- Quantisieren, und
- Codieren notwendig.

Beim Abtastvorgang werden dem analogen Signal in gleichen Zeitabständen „Proben" entnommen, die einen bestimmten Amplitudenwert darstellen. Es entsteht das PAM-Signal (Puls-Amplituden-Modulation).

Das *Abtasten* des analogen Signales muß mit einer Abtastfrequenz erfolgen, die mindestens gleich oder größer als das Doppelte der höchsten übertragenen Frequenz des analogen Signals sein muß.

$f_A \geqq 2 f_{max}$

Bei einem in der Fernsprechtechnik verwendeten Frequenzbereich von 300 Hz bis 3400 Hz wurde eine Abtastfrequenz von

$f_A = 8 \text{ kHz}$

gewählt. Somit ergibt sich eine Abtastperiode von

$$T = \frac{1}{f} = \frac{1 \text{ s}}{8000} = 125 \text{ µs}$$

Das heißt, alle 125 µs wird das analoge Signal abgetastet.

Als *Quantisierung* bezeichnet man die Einteilung des gesamten Wertebereiches des analogen Signales in Intervalle (Quantisierungsstufen). Da die Intervalle exakt gegeneinander abgegrenzt sind, kann jedes PAM-Signal eindeutig einem Intervall zugeordnet werden. Die Zahl der Intervalle muß genügend groß sein, damit die Quantisierungsverzerrungen möglichst klein gehalten werden. Es wurden deshalb 256 Intervalle vorgesehen.

Bei der *Codierung* werden die Quantisierungsintervalle in einen Code übersetzt, der aus einer bestimmten Anzahl von Bits (Codeelemente) besteht. Diese Codeworte werden auch als PCM-Worte bezeichnet und stellen die digitale Form des Originalsignales dar.

2.4 Das digitalisierte Fernsprechnetz

Um die oben genannten 256 Intervalle durch einen Binärcode darzustellen, sind wegen $2^8 = 256$ mindestens 8 Bits erforderlich, d. h. die PCM-Worte haben eine Länge von 8 Bit. Die Bitfolgefrequenz sagt aus, wieviel Bit in einer Sekunde übermittelt werden; und sie beträgt:

Bitfolgefrequenz = f_A × 8 Bit = 8000 s^{-1} × 8 Bit = 64 kbit/s

Das ist die Übertragungsbitrate für einen Sprechkanal. Somit ergibt sich daraus bei Verwendung des bekannten und genormten Basis-PCM-Systems PCM 30 mit 30 Sprachkanälen und zwei Betriebskanälen die Bitrate des Systems von

64 kbit/s × 32 Kanäle = 2048 kbit/s

Man spricht hier vom 2 Mbit/s System.

Mit dem PCM-Basissystem können durch die zeitliche Verschachtelung der Codeworte in die Sprachkanäle (auch Zeitkanäle oder Zeitschlitze genannt) 30 Gespräche gleichzeitig über eine Doppelader pro Richtung übertragen werden.

Über Multiplexeinrichtungen werden PCM-Systeme zu neuen Systemen zusammengeschaltet. Folgende Systeme sind bei der Telekom im Einsatz:

PCM 30 . . . . 2 Mbit/s

PCM 120 . . . . 8 Mbit/s

PCM 480 . . . . 34 Mbit/s

PCM 1920 . . . . 140 Mbit/s

PCM 7680 . . . . 565 Mbit/s

Über das digitalisierte Netz können Informationen aller Dienste, also Sprache, Daten, Text, und Bilder relativ problemlos übertragen werden. Das digitalisierte Fernsprechnetz ist in *Abb. 2.9* symbolisch dargestellt.

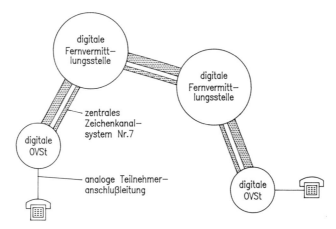

Abb. 2.9: Das digitalisierte Fernsprechnetz mit den analogen Teilnehmeranschlußleitungen

3 Fernsprechvermittlungstechnik

Die Vermittlungstechnik hat die Aufgabe, die Endgeräte zweier Teilnehmer A und B elektrisch leitend zu verbinden wenn es die Teilnehmer für den Nachrichtenaustausch für erforderlich halten und wieder zu trennen, wenn die Verbindung nicht mehr benötigt wird. Desweiteren benötigen die Teilnehmer Informationen über freie oder besetzte Leitungswege, über den abgehenden Ruf (Wählton), über besetzte Teilnehmer (Besetzzeichen), usw. und natürlich über die angefallenen Gebühren. Das heißt, in einer Vermittlungsstelle laufen neben der Durchschaltung eines Gespräches umfangreiche Steuerungsprozesse ab. Im Laufe der Entwicklung haben sich für den Verbindungsaufbau in Vermittlungsstellen zwei Prinzipien herausgebildet, die *direkte* und die *indirekte Steuerung*. *Beim direkten System* werden die Schaltglieder unmittelbar Stufe für Stufe entsprechend der vom Anrufer eintreffenden Impulsreihen seines Telefonnummernschalters eingestellt. Wählervermittlungsstellen sind direkt gesteuerte Vermittlungsstellen. *Beim indirekt gesteuerten System* werden die in der Vermittlungsstelle eintreffenden Impulse zuerst in einem Register gespeichert. Erst wenn die komplette Zielinformation eingetroffen ist bzw. bekannt ist, erfolgt die nunmehr indirekte Steuerung der Vermittlungsstelle und der Gesprächsaufbau.

Digitale Vermittlungsstellen sind indirekt gesteuert. Auch die in den neuen Bundesländern häufig eingesetzten Koordinatenschaltersysteme S65 sind indirekt gesteuert.

3.1 Ortsvermittlungsstelle mit mechanischen Wählern

Die Ortsvermittlungsstelle mit Wählern (Wählvermittlungsstelle) gehört zu den direkt gesteuerten Systemen. Die Wähler werden unmittelbar durch die Impulse des anrufenden Teilnehmers (A-Teilnehmer) gesteuert. Man unterscheidet zwischen Vorwähler- und Anrufsuchersysteme. Klassische Beispiele sind für das Vorwählerprinzip das System S 50 in den neuen Bundesländern und für das Anrufsuchersystem die Vermittlungsstellen mit EMD-Wählern (Edel-Metall-Motorwähler) in den alten Bundesländern. Bei der Ortsvermittlungstelle mit Anrufsuchersystem unterscheidet man drei Wahlstufen:

- den *Anrufsucher (AS):* das ist ein Eingangsschaltglied als Drehwähler, dessen Schaltarmsatz den rufenden Teilnehmer sucht. Die Anschlußleitungen der Teilnehmer sind auf die Kontaktlamellen des AS geschaltet.Die Verbindungsleitungen zu den nachfolgenden Schaltgliedern gehen von den Schaltarmen ab.
- den *Gruppenwähler (GW):* Der Gruppenwähler ist so aufgebaut, daß er durch die erste Impulsserie des Nummernschalters auf die gewählte Dekade eingestellt wird (erzwungene Wahl) und sich dann in freier Wahl (Drehschritte) auf einen unbelegten Leitungswähler einstellt. Der Gruppenwähler legt die Richtung durch die Vermittlungsstelle fest. Große Vermittlungsstellen haben mehrere Gruppenwählerstufen.
- den *Leitungswähler (LW):* Am Leitungswähler werden in erzwungener Wahl die letzen beiden Ziffern der gewählten Anschlußrufnummer eingestellt.

Abb. 3.1 zeigt eine Vermittlungsstelle mit zwei Gruppenwahlstufen und den Verbindungsaufbau bei Wahl der Ruf-Nr. 7234 durch den Teilnehmer A.

Abb. 3.1:
Verbindungsaufbau
in einer OVSt mit
mechanischen Wählern

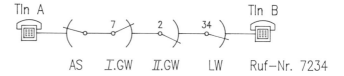

3.2 Fernvermittlungsstelle

Zu den Fernvermittlungsstellen gehören die

- Knotenvermittlungsstellen,
- Hauptvermittlungsstellen und
- Weitvermittlungsstellen.

Hier sind keine Teilnehmer angeschaltet. Die Fernvermittlungsstellen sind durch Verbindungsleitungen miteinander verbunden. Auch hier ist der EMD-Wähler als Schaltelement eingesetzt. Man unterscheidet zwei Wahlstufen:

Erstens den *Ferngruppenwähler (FGW)*, der für die absteigende Verbindung des Ferngespräches verantwortlich zeichnet; d. h. von der höheren zur niederen Netzebene; und zweitens den *Richtungswähler*, der den aufsteigenden Abschnitt der Fernverbindung vermittelt.

Die Aufgaben der Knotenvermittlungsstelle sind:

- Vermitteln des Fernverkehrs zur HVSt (aufsteigender Verkehr),
- Vermitteln des Fernverkehrs zur Nachbar — KVSt,

- Vermitteln des Fernverkehrs zur OVSt (absteigender Verkehr),
- Wahrnehmung der Leitweglenkung (Entscheidung, über welches Bündel die Verbindung hergestellt werden soll),
- Verzonung und Übermittlung der Gebührenimpulse.

Die Hauptvermittlungsstelle hat folgende Aufgaben:

- Vermitteln des Fernverkehrs zur WVST (aufsteigender Verkehr),
- Vermitteln des Fernverkehrs zur Nachbar-HVSt,
- Vermitteln des Fernverkehrs zur KVSt (absteigender Verkehr),
- Leitweglenkung als zweite Steuerstelle nach der KVSt für den aufsteigenden Fernverkehr.

Die Weitvermittlungsstelle vermittelt den Fernverkehr entweder in das internationale Netz (aufsteigend), zur Nachbar-WVSt (gleiche Ebene) oder zu angeschlossenen HVSt (absteigender Fernverkehr).

3.3 Digitale Vermittlungsstellen

Beim Vermitteln digitalisierter Signale sind im Gegensatz zur Wählervermittlungstechnik keine galvanischen Durchschaltungen notwendig. Hier erfolgt das Vermitteln über Koppelsysteme bzw. Koppelnetzwerke, die von Prozeßrechnern gesteuert werden.

Digitale Vermittlungsstellen sind ebenso wie das digitalisierte Fernsprechnetz die Vorraussetzung für die Diensteintegration von Fernsprechen, Datenübertragung, Text- und Bildvermittlung.

Die bei der Vermittlungstechnik mit mechanischen Wählern aufgezeigten großen Unterschiede zwischen der Orts- und Fernvermittlungstechnik bestehen bei der digitalen Vermittlungstechnik nicht in dieser Form. So werden von den digitalen Systemherstellern oft kombinierte Ortsvermittlungsstellen (DIVO) und Fernvermittlungsstellen (DIVF) angeboten.

Von der Deutschen Bundespost Telekom werden zwei verschiedene digitale Vermittlungssysteme eingesetzt:

- das *System 12* der Firma SEL ALCATEL und
- das *System EWSD (Elektronisches Wählsystem Digital)* der Firma Siemens.

3.3 Digitale Vermittlungsstellen

Die digitalen Vermittlungssysteme werden in sogenannten Vermittlungseinheiten VE aufgebaut und entsprechend ihres Einsatzes als:

- Vermittlungseinheit für den Auslandsverkehr (VE:A),
- Vermittlungseinheit für den Fernverkehr (Inland);(VE:F),
- Vermittlungseinheit für den Ortsdurchgangsverkehr (VE:ODg) und
- als Vermittlungseinheit für den Teilnehmerverkehr (VE:T)

bezeichnet [6].

Die EWSD — Systemgestaltung ist in *Abb. 3.2* dargestellt. Dieses digitale Vermittlungssystem gliedert sich in den *Anschlußgruppenblock LTG (Line Trunk Group)* zum Anlegen der Anschluß- und Verbindungsleitungen an das *Koppelnetz SN (SWITCHING NETWORK)*, das die Verbindungen durchschaltet und den *Koordinationsprozessor CP (COORDINATION PROCESSOR)*, der für die Verkehrslenkung und Verzonung verantwortlich zeichnet.

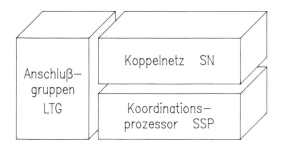

Abb. 3.2: Blockstruktur der digitalen Vermittlungsstelle EWSD

Das digitale *System S 12* besteht aus den Anschlußbaugruppen bzw. Anschlußmodulen für:

- analoge Teilnehmeranschlüsse; ASM (Analogue Subscriber Module),
- digitale Verbindungsleitungen; DTM (Digital Trunk Module), ISDN-Teilnehmeranschlüsse; ISM (ISDN-Module),
- Mehrfrequenz-Signalisierung; SCM (Service Circuits Module),
- die Analog-Anschlußleitungsprüfung; LTM (Line Test Module),
- die Verbindungsleitungsprüfung; TTM (Trunk Test Module),
- die Verbindungsleitungsmessung; TMM (Trunk Measurement Module),
- Töne und Takte; CTM (Clock and Tone Module) und für
- Bedienung, Wartung, Prozessor und Peripherie.

3 Fernsprechvermittlungstechnik

Diese Anschlußmodule sind über das Zugangskoppelfeld ACSW (Access Switch) an das zentrale digitale Koppelnetz KN angeschaltet *(Abb. 3.3)*.

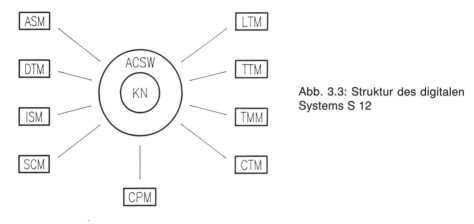

Abb. 3.3: Struktur des digitalen Systems S 12

3.4. Die Telefonrufnummer des Teilnehmers

Die Rufnummer beschreibt den Standort des Teilnehmers im Netz der Deutschen Bundespost Telekom. Beginnt zum Beispiel die Rufnummer eines Teilnehmers mit 061 ..., so drückt die Zahl 61 die Zugehörigkeit zur Weitvermittlungsstelle Frankfurt/Main aus (siehe auch Abb. 2.7).

Die vollständige Teilnehmerrufnummer besteht aus der Vorwahlrufnummer und der Teilnehmerrufnummer. Die Vorwahlrufnummer setzt sich aus der Ausscheidungskennziffer 0 und der 2- bis 5-stelligen Ortsnetzkennzahl zusammen.

Die Ziffern der Ortsnetzkennzahl drücken die Anbindung des Teilnehmers an den Weit-, Haupt-, KV- und Ortsnetzbereich aus. Die Ziffern der Teilnehmerrufnummer bezeichnen die Anbindung an die Ortsvermittlungsstelle. Dabei ist die erste Ziffer in großen ON die Kennzahl der zuständigen Ortsvermittlungsstelle im Ortsnetzbereich.

Je nach Größe der Ortsnetze ergeben sich auch unterschiedliche Rufnummernlängen. Entsprechend einer CCITT-Empfehlung soll die komplette internationale Rufnummer, d. h. einschließlich der Länderkennzahl, 12 Ziffern nicht übersteigen. Da die Länderkennzahl zweistellig ist (z. B. Deutschland 49), darf die Rufnummer im nationalen Netz nur noch aus 10 Ziffern bestehen. Dabei sind die Durchwahlrufnummern von Nebenstellenanlagen mit eingeschlossen. Die Verkehrsausscheidungskennziffer 00 für das internationale Fernnetz ist jedoch bei den 12 Ziffern nicht mit enthalten. In *Abb. 3.4* ist die Bedeutung der Ziffernfolge einer kompletten Rufnummer für das nationale Fernnetz dargestellt.

3.4 Die Telefonnummer des Teilnehmers

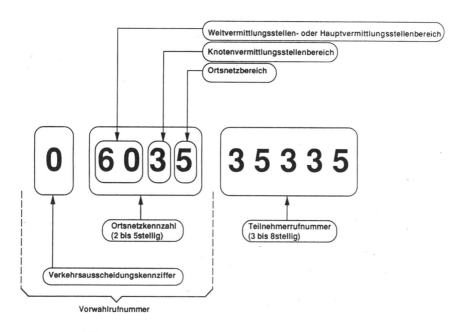

Abb. 3.4: Die Bedeutung der Ziffern einer Rufnummer

Die Vorwahlrufnummer beginnt immer mit der 0 als Ausscheidungskennziffer. Mit der Wahl der 0 verläßt man den eigenen Ortsnetzbereich und wird zur Weit- oder Hauptvermittlungsstelle im Kennzahlenweg durchgeschaltet. Mit der Wahl der weiteren Ziffern erreicht man die Ziel-Weit- oder Hauptvermittlungsstelle, die Ziel-KVSt und schließlich das Ziel-Ortsnetz. Mit der Wahl der Teilnehmerrufnummer erreicht man letztlich den gewünschten Teilnehmer.

Beginnt die Wahl mit der Verkehrsausscheidungskennziffer 00, so befindet man sich im internationalen Fernnetz. Aus diesem Grund wird die 00 auch als Auslandsausscheidungskennziffer bezeichnet.

So wie es den nationalen Kennzahlenplan gibt, wurde auch ein internationaler Kennzahlenplan erstellt. Die Ziffern 1 bis 9 umfassen die in *Abb. 3.5* dargestellten kontinentalen Bereiche.

Da für Europa die Ziffern 3 und 4 festgelegt wurden, ergibt sich nunmehr auch die Herkunft der 49 als Länderkennzahl für Deutschland. Will ein Teilnehmer aus dem Ausland die im Abb. 3.4 dargestellte Rufnummer in Deutschland erreichen, muß er folgende Ziffernfolge wählen:

00 49 6035 35335

3 Fernsprechvermittlungstechnik

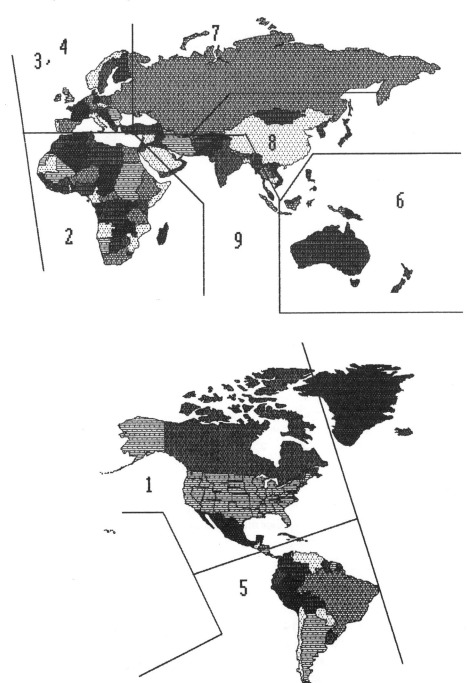

Abb. 3.5: Der internationale Kennzahlenplan

3.4 Die Telefonnummer des Teilnehmers

dabei ist die 00   die Auslandsausscheidungskennziffer,
      die 49   die Länderkennzahl,
      die 6035   die Ortsnetzkennzahl und
      die 35335   die Teilnehmerrufnummer

Die Länderkennzahl 49 für Deutschland gilt allerdings nicht für das gesamte Ausland, Österreich wählt zum Beispiel für einen Übergangszeitraum auch mit der 60 nach Deutschland.

4 ISDN — Das Netz der Zukunft

ISDN heißt *Integrated Services Digital Network*. Und zu deutsch: diensteintegrierendes digitales Fernmeldenetz.

Wenn man die einzelnen Buchstaben des Kürzels ISDN inhaltlich für den interessierten Laien beschreiben sollte, könnte man zu folgenden Ergebnissen kommen:

I wie Integration heißt, daß nicht mehr für jeden Fernmeldedienst eine eigene Leitung benötigt wird. Über die bestehende Telefonleitung werden nur noch digitalisierte Signale übertragen und alle im ISDN angebotenen Dienste gelangen über eine Anschlußleitung zum Teilnehmer. Der Kunde kann über eine einheitliche Steckdose den Dienst, den er wünscht, an jeder Stelle abrufen.

S wie Services bedeutet, alle im ISDN angebotenen Sprach-, Text-, Daten- und Bilddienste kommen über einen Anschluß, über ein und dieselbe Leitung zum Kunden. Die Dienste lassen sich kombinieren und für eine Reihe neuer Anwendungen einsetzen. Bilder, mit Texten unterlegt, oder eine Sprachübertragung, ergänzt durch das Abb. des Teilnehmers, sind leicht zu realisieren. Und alles über eine Rufnummer.

D wie digital drückt aus, daß erst die einheitliche digitale Übertragung die gemeinsame Nutzung des Netzes durch die Dienste ermöglicht. Bei der bisherigen analogen Technik transformiert ein Mikrofon Schallschwingungen in elektrische Schwingungen. Diese werden über das Leitungsnetz übertragen und beim gerufenen Teilnehmer wieder in Schallschwingungen umgesetzt. Bei der digitalen Technik mißt man die Amplituden der Schwingungen in sehr kurzen Abständen (8000 mal pro Sekunde) und übermittelt sie als binäre Zahlenwerte. Für den Empfänger werden aus übermittelten Zahlen wieder elektroakustische Signale.

Der Vorteil dieser neuen Technik liegt darin, daß alle Kommunikationsarten, also Sprache, Texte, Daten und Bilder, in der Digitaltechnik einheitlich dargestellt und mit wesentlich besserer Qualität übermittelt werden können.

N wie Network bedeutet, das vorhandene Telefonnetz bleibt bestehen. Läßt sich aber durch die Digitalisierung besser nutzen. Das heißt, über den ISDN-Anschluß kann beispielsweise gleichzeitig telefoniert und gefaxt werden. Über das Fernsprechnetz werden zwei Kanäle zur Nachrichtenübertragung und ein Kanal zur Signalisierung angeboten, der die verschiedenen Dienste sowie den Auf- und Abbau der Verbindung steuert.

4.1 Grundlegende Merkmale des ISDN

- zwischen Teilnehmer und Teilnehmer ist die Verbindung durchgehend digital;
- die Übertragungs- und Vermittlungstechnik ist einheitlich für alle Dienste digital; das heißt, Sprache, Text, Daten und Bilder werden digital übermittelt;
- alle Telekommunikationsdienste der Telekom werden über ein gemeinsames Netz übertragen;
- der Teilnehmer am ISDN nutzt alle Dienste über nur eine Rufnummer;

Die eben beschriebenen Inhalte des ISDN können zu folgenden grundlegenden Merkmalen, die den Unterschied zu bisher bekannten verdeutlichen, zusammengefaßt werden:

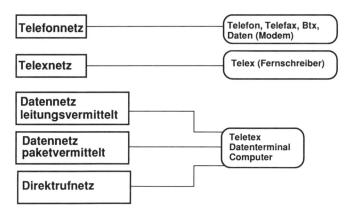

a) herkömmliche Nutzung der Netze, d. h. eigene Anschlußleitung je Netz und unterschiedliche Rufnummern

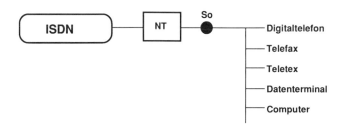

b) Anschaltung an das ISDN, d. h. eine Anschlußleitung und eine Rufnummer

Abb. 4.1: Gegenüberstellung des herkömmlichen Netzes a) mit dem ISDN b)

- für alle Endgeräte gibt es eine einheitliche Steckdose, die ISDN-Teilnehmer-Anschluß-Einheit (TAE-Dose);
- je Anschluß können zwei Basiskanäle gleichzeitig und völlig unabhängig voneinander genutzt werden;
- die Übertragungsgeschwindigkeit in jedem Basiskanal beträgt 64 kbit/s, im Steuerkanal 16 kbit/s.

Abb. 4.1 verdeutlicht den Unterschied zwischen der bisherigen analogen Technik und den Möglichkeiten des ISDN hinsichtlich der Integration des Netzes.

4.2 Der Nutzen von ISDN für den Kunden

Der bisherige Fernsprechhauptanschluß wird mit dem Anschalten an das diensteintegrierende Digitalnetz der Deutschen Bundespost Telekom zum Universalanschluß, der für das Senden und Empfangen von

- Sprache,
- Text,
- Daten und
- Bilder

genutzt werden kann.

Dabei ergeben sich für den Anwender der einzelnen Dienste folgende Vorteile:

Der Telefondienst im ISDN
- der Verbindungsaufbau benötigt wesentlich weniger Zeit als bisher. Zur Zeit beträgt der Verbindungsaufbau für ein Telefongespräch ca. 15 s — im ISDN nur noch 1,7 s.
- die digitale Übertragung verbessert Sprachqualität und damit die Verständlichkeit. Im ISDN werden die Gespräche nahezu unabhängig von der Entfernung mit konstanter Lautstärke übertragen, das verbesserte Signal-Geräusch-Verhältnis sichert ein störungsfreies Gespräch,
- in weiteren Ausbaustufen wird die bisherige Sprachbandbreite von 3,1 kHz auf 7 kHz erhöht. Damit wird ein deutlicher Qualitätssprung hinsichtlich der Stimmenerkennung des Gesprächspartners erreicht,
- während einer bestehenden Verbindung wird der Gesprächswunsch eines dritten Teilnehmers mit dessen Rufnummer angezeigt. Dieses Dienstemerkmal bezeichnet man als „Anklopfen",
- es besteht die Möglichkeit, während eines Gespräches gleichzeitig ein Fax zu übersenden („Dienstewechsel"),

4.2 Der Nutzen von ISDN für den Kunden

- Teilnehmer können während einer bestehenden Verbindung ihr Telefon in eine andere Anschlußdose umstecken, ohne das die Verbindung unterbrochen wird,
- eine Sperre für ankommende Gespräche sichert Ruhe vor dem Telefon,
- ankommende Verbindungswünsche können direkt zu einem vorher angegebenen Ziel umgeleitet werden, wobei diese Anruf-umleitung dem anrufenden ISDN-Teilnehmer angezeigt wird,
- Teilnehmer können innerhalb einer geschlossenen Benutzergruppe, z. B. Direktoren eines Unternehmens, untereinander telefonieren und ihre Rufnummern für Außenstehende sperren.
- In Zukunft wird das ISDN-Telefon um folgende Dienstemerkmale erweitert: Wenn ein Teilnehmer besetzt ist, wird nach dem Freiwerden der Leitung automatisch eine Verbindung vom rufenden Teilnehmer hergestellt, wenn dieser es wünscht. Das ist der automatische Rückruf.

In einer elektronischen Anrufliste können Gesprächspartner ihre Rufnummer und andere Verbindungsdaten eintragen, die jederzeit auch abgefragt werden können. Dem Angerufenen wird angezeigt, daß Einträge vorliegen, die er später einzeln oder insgesamt löschen kann.

Es lassen sich gleichzeitig verschiedene Verbindungen zu zwei Gesprächspartnern aufbauen, mit denen dann wechselseitig gesprochen werden kann. Das ist das Makeln.

Der Telefaxdienst im ISDN
- die Übertragungsgeschwindigkeit von zur Zeit 2,4 kbit/s bis 9,6 kbit/s wird im ISDN auf 64 kbit/s erhöht. Die Übertragungszeit einer DIN-A4 -Seite verringert sich damit von z. Zt. 1 bis 3 min auf ca. 10 sec,
- die kürzere Übertragungszeit hilft Gebühren sparen,
- die Qualität der übertragenen Kopien wird aufgrund der wesentlich höheren Bildpunktzahl deutlich verbessert.

Der Teletexdienst im ISDN
- auch hier liegt der entscheidende Vorteil in der Erhöhung der Übertragungsgeschwindigkeit von z. Zt. 2,4 kbit/s auf 64 kbit/s im ISDN. Die Übertragungszeit einer DIN-A4-Seite sinkt dabei von 12 sec auf ca. 1 sec.
- auf Grund dieser kurzen Übermittlungszeit eröffnen sich hier insbesondere in der Bürokommunikation für die Verteilung und das Versenden von Informationen in nachgeordnete Bereiche neue Möglichkeiten.

Der Bildschirmtextdienst im ISDN
- Btx wird durch ISDN noch attraktiver, da der Bildaufbau auch bei umfangreichen Textseiten ohne merkliche Wartezeiten vonstatten geht,
- der Aufbau einer Btx-Seite wird sich von z. Zt. 8 sec auf 0,2 sec verringern,

4 ISDN — Das Netz der Zukunft

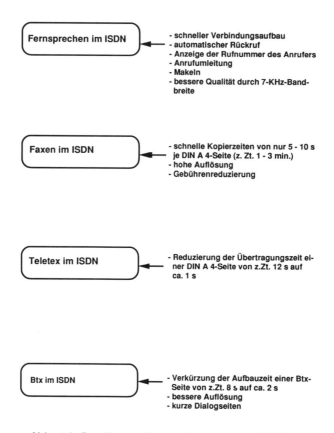

Abb. 4.2: Der Nutzen für die Kunden durch ISDN

- für den Nutzer ergibt sich ein schnellerer Btx-Dialog,
- ab etwa 1995 wird die Qualität der Bilder denen von Fotografien ähneln.

Der Teleboxdienst im ISDN
- der Teleboxdienst wird durch neue Dienstemerkmale, wie z. B. das Erstellen verschiedener Dateien im Speicher, das Archivieren der Korrespondenz, die schnelle Ausgabe archivierter Korrespondenz durch Suchkriterien, wesentlich attraktiver [7].

In *Abb. 4.2* sind die für den Kunden zu erwartenden Vorteile bei den einzelnen Fernmeldediensten im ISDN anschaulich dargestellt.

Weitere Vorteile ergeben sich durch die höheren Übertragungsgeschwindigkeiten auch bei den Diensten Fernwirken, Datenübermittlung, Bildübermittlung sowie durch die Einführung des Bildtelefons.

4.3 Zur Technik im ISDN

Der Schlüssel für die Einführung des ISDN liegt nach der Digitalisierung der Netze in der digitalen Teilnehmeranschlußleitung. Das ist die Voraussetzung für das Vereinigen der verschiedenen Dienste beim Teilnehmer. Zur Erinnerung sei noch einmal erwähnt, daß das digitalisierte Fernsprechnetz noch eine analoge Anschlußleitung zum Teilnehmer beinhaltete.

Beim ISDN werden die vorhandenen Kupferdoppeladern zum Teilnehmer für die Übermittlung der digitalen Signale genutzt. Während bei einem herkömmlichen Fernsprechanschluß die Kupferdoppelader am Endverzweiger an der Hauswand bzw. im Keller oder in der Wohnung in der Anschlußdose endet, erfolgt im ISDN der *Netzabschluß* am *„Network Termination"*, kurz *„NT"* genannt.

Ab diesem Netzabschluß können nunmehr an genormte Steckdosen (TAE-ISDN-Anschlußdosen) 8 Endgeräte zur Nutzung der Fernmeldedienste angeschlossen werden.

4.3.1 Der Basisanschluß (2B +1D)

Den normalen ISDN-Anschluß bezeichnet man als *Basisanschluß*. Diese Basisanschlüsse gestatten die Übertragung von zwei Nutzkanälen mit jeweils 64 kbit/s für Sprache, Text, Daten und Bilder sowie die Übertragung von Signalisierungsinformationen im 16 kbit/s-Kanal. Die beiden Nutzkanäle werden als *B-Kanäle* und der Signalisierungskanal als D-Kanal bezeichnet. Die Übertragung zwischen der digitalen Ortsvermittlungsstelle (DIVO) und dem Teilnehmer erfolgt auf der herkömmlichen 2-Draht-Kupferleitung.

Im ISDN Netzabschluß NT werden die Kanäle decodiert bzw. codiert, entsprechend den auf dem D-Kanal übertragenen Signalisierungsinformationen. Auf der Teilnehmerseite steht dann hinter dem NT eine 4-adrige Leitung, der sogenannte S_0-Bus, mit Zugriff auf die Kanäle B1 und B2 zur Verfügung. Hier können die acht Endgeräte angeschlossen werden. *Abb. 4.3* zeigt den ISDN-Teilnehmeranschluß.

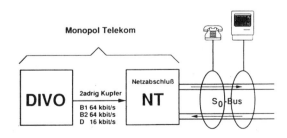

Abb. 4.3:
Der ISDN-Teilnehmeranschluß

4 ISDN — Das Netz der Zukunft

An der digitalen Ortsvermittlungsstelle und am Netzabschluß befinden sich die Schnittstellen Uko; dabei steht k für Kupfer und o für Basisanschluß. S_0 ist die Teilnehmerschnittstelle *Abb. 4.4* zeigt die Schnittstellen beim ISDN.

Da jedem Basisanschluß nur eine Rufnummer zugeordnet ist, wird über den Signalisierungskanal sichergestellt, daß nur die Endgeräte miteinander verbunden werden, die auch miteinander kommunizieren können (Endgerätekennung).

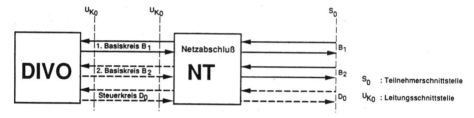

Abb. 4.4 Schnittstellen beim ISDN

4.3.2 Der Primärmultiplexanschluß (30 B + 1 D)

TK-Anlagen können über Basisanschlüsse oder über einen besonderen Netzzugang, den Primärmultiplexanschluß PA, an die digitale Vermittlungsstelle angeschlossen werden. Dieser Anschluß stellt insgesamt 30 ISDN-Basiskanäle (Nutzkanäle) je 64 kbit/s sowie einen Steuerkanal mit 64 kbit/s für Signalisierung und Synchronisierung an der Schnittstelle S_{2M} zur Verfügung. Die Anbindung dder TK-Anlagen an die digitale Vermittlungsstelle erfolgt dabei vierdrähtig, d. h. über zwei Doppeladern. Basisanschlüsse und Primärmultiplexanschlüsse werden als Universalanschlüsse bezeichnet.

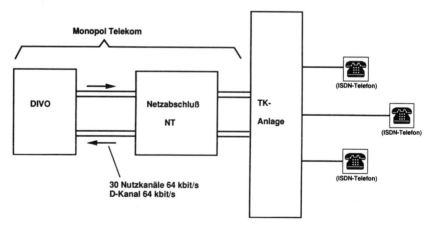

Abb. 4.5 Der ISDN Primärmultiplexanschluß

5 Telefonapparate

Die Zahl der auf dem Markt angebotenen Typen von Telefonapparaten ist seit der Liberalisierung des Endgerätemarktes ab 1. Juli 1990 enorm gestiegen und vom Laien kaum noch zu systematisieren. Begriffe und Namen wie Standardtelefone, analoge Telefone, Komfort- und Kompakttelefone, ISDN-Telefone, digitale Telefone, schnurlose Telefone, a/b Telefone usw. sind verwirrend. Dazu kommen noch die zahlreichen Apparatetypen der einzelnen Gerätehersteller mit speziellen Vertriebsnamen.

Nachfolgend wird eine sinnvolle Systematisierung des Telefongeräteangebotes vorgenommen. Dabei wird für die Begriffe Fernsprechapparat, Telefonapparat und Fernsprechendgerät zur Vereinfachung nur noch der Begriff Telefon verwendet.

5.1 Das analoge Telefon

Das analoge Telefon ist über eine 2-adrige Anschlußleitung, die a- und b- Ader, mit der Vermittlungsstelle verbunden. Deshalb spricht man auch immer mehr vom *a/b-Telefon*. Und um die gleiche Terminologie hinsichtlich der Schnittstellen wie beim ISDN zu verwenden, spricht man neuerdings beim analogen Telefon von der a/b-Schnittstelle.

Analoge Telefone werden sowohl am öffentlichen Telefonnetz als auch an Nebenstellenanlagen betrieben. Es ist noch immer das am häufigsten eingesetzte und benutzte Telefon

Die Wahlinformationen als definierte Unterbrechungen der Gleichstromschleife werden bei älteren Telefonen bekannterweise durch den Ablauf der Nummernscheibe (Wählscheibe) erzeugt. Bei den modernen Telefonen erfolgt dies durch die Tastwahl. *Abb. 5.1* zeigt einen solchen Tastwahlblock.

Moderne Vermittlungsstellen werden heutzutage nur noch mit diesen Tastwahleinrichtungen gesteuert. Der Zeitaufwand für den Wählvorgang beträgt nur noch etwa 50 % gegenüber des Wählvorganges mit der Nummernscheibe. An die Stelle der komplizierten Mechanik treten einfache Tasten, mit denen im Telefon erzeugte Frequenzen kurzzeitig ausgesendet werden. In der Vermittlungsstelle werden diese Signale verarbeitet.

5 Telefonapparate

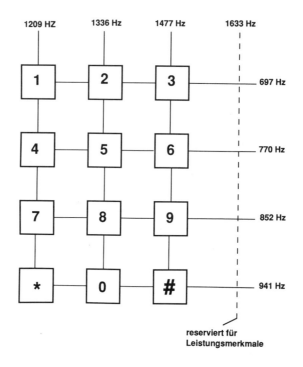

Abb. 5.1: Der Tastwahlblock im Telefon

Abb. 5.1 zeigt die Matrix der Tastwahleinrichtung nach der von der CCITT genormten Frequenzverteilung. Es steht eine Matrix von vier mal vier Frequenzen zur Verfügung. Das heißt, es sind 16 Frequenzkombinationen möglich. Für die Wahlinformationen werden 10 Kombinationen benötigt; die restlichen sechs sind für besondere Leistungsmerkmale nutzbar. Beim Drücken einer Taste werden also gleichzeitig zwei Frequenzen ausgesendet. Die Frequenzen gehen von 697 Hz bis 1477 Hz und liegen somit im Sprachfrequenzbereich. Man nennt dieses Verfahren das *Mehrfrequenzverfahren MFV* gegenüber dem üblichen *Impulswahlverfahren IWV*.

Das *umschaltbare Wahlverfahren* ist ein wichtiges Leistungsmerkmal moderner Telefone. Das Realisieren der Umschaltbarkeit der Wahlverfahren hat zwei Gründe:

Erstens ist damit die Anpassungsfähigkeit der Telefone an die Vermittlungssysteme bei einem Austausch elektromechanischer Wählsysteme mit Impulswahl durch elektronische Systeme mit Mehrfrequenzwahl problemlos gegeben und

zweitens wird bei Gebrauch neuer Dienste wie z. B. Cityruf, zur Steuerung das Mehrfrequenzverfahren genutzt.

5.1 Das analoge Telefon

Das Umschalten des Wahlverfahrens am Telefon ist einmal möglich durch einen direkten Eingriff in das Gerät (DIP-Schalter oder Lötbrücken) oder durch das Programmieren mit den zur Verfügung stehenden Telefontasten. In Deutschland wurde und wird z. Zt. noch meist das Impulswahlverfahren angewendet. Dagegen ist in den USA und England und immer mehr in den *Nebenstellenanlagen* in Deutschland das Mehrfrequenzverfahren eingeführt. Auch bei direkter Anbindung an eine DIVO wird das Mehrfrequenzverfahren wirksam.

5.1.1 Standardtelefone

Als Standardtelefone bezeichnet man die bekannten einfachen meist Tisch- und Wandtelefone entweder mit Wählscheibe oder mit Tastwahlblock. Die Ausrüstung eines Telefons mit dem Tastwahlblock ist noch lange kein Kriterium für ein Komforttelefon. Entscheidend für eine solche Zuordnung sind allein die *Leistungsmerkmale* der einzelnen Telefone.

Für das Standardtelefon kann man im wesentlichen die folgenden Merkmale nennen:

- umschaltbare Wahlverfahren IWV und MFV,
- Wahlwiederholung;   beim telefonieren wird die zuletzt gewählte Rufnummer gespeichert. Ist der gewünschte Teilnehmer besetzt oder er meldet sich nicht, wird der Wahlvorgang durch Tastendruck automatisch wiederholt
- Stummschaltung;   mit dieser Taste wird das eigene Mikrofon abgeschaltet. Der Gesprächspartner kann nun nicht mehr zuhören, falls während des Gespräches mit anderen Personen im Raum gesprochen wird.

Die Signaltaste, auch Flashtaste oder Erdtaste genannt und die zwei Sondertasten Stern und Raute sowie die Programmiertaste werden beim Standardtelefon kaum eingesetzt.

Abb. 5.2:
Tastenfeld beim
Standardtelefon

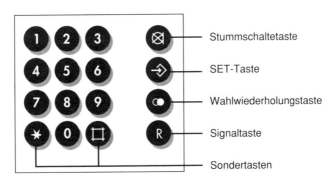

5 Telefonapparate

Durch die Telekom werden Standardtelefone über die sogenannte *BaseLine* mit den Vertriebsnamen

- Signo,
- Lombard S,
- IQ-Tel W,
- Telefon 01 LX
- Stralsund,
- Signo 2,
- Actron B und

vertrieben [8]. *Abb. 5.3* zeigt ein Standardtelefon.

Abb. 5.3: Das Standardtelefon „Signo" der Telekom

5.1.2 Komforttelefone

Bei den Komforttelefonen sind weitere wichtige Leistungsmerkmale vorhanden, die den Bedienkomfort doch erheblich erhöhen und sich damit eindeutig vom Standardtelefon abheben.

Komforttelefone sind im wesentlichen mit folgenden Merkmalen ausgestattet:

- umschaltbare Wahlverfahren IWV und MFV,
- Wahlwiederholung,
- Stummschaltung,
- Direktruf (nicht bei allen Modellen),
- Notizbuch-Register,
- Display (nicht bei allen Modellen),
- Gebührenanzeige (nicht bei allen Modellen),
- Sperrschloß (elektr. oder mechanisch), nicht bei allen Modellen,
- Tonruf oder Melodieruf je nach Modell,
- Lauthören, Wahl bei aufliegendem Hörer,
- Freisprechen (nicht bei allen Modellen),
- Erdtaste/Flashtaste,
- teilweise Anschlußmöglichkeiten für Zusatzgeräte.

5.1 Das analoge Telefon

Seitens der Telekom werden im Rahmen der ComfortLine folgende Modelle vertrieben [8]:

- California,
- IQ Tel 1,
- IQ Tel 2,
- Modula,
- Monaco 1,
- Monaco.
- Actron C1 (1994)
- Actron C2 (1994)
- Stralsund AB
- Telly AB
- Actron AB

Die *Abb. 5.4* zeigt das Komforttelefon „California" der Firma DeTeWe, das durch Telekom vertrieben wird.

Abb. 5.4.: Komforttelefon „California" der Firma DeTeWe, das durch Telekom vertrieben wird.

Komforttelefone bieten dem Nutzer im wesentlichen folgende Vorteile:

Displayanzeige;	über das Display erfolgt letztlich ein Dialog zwischen Telefon und Nutzer über eingegebene Rufnummern, über Betriebszustände oder auch über Gebühren und v. a.m.
Stummschaltung;	siehe Standardtelefon
Wahlwiederholung;	siehe Standardtelefon
Rufnummerspeicher;	oft können bis zu 20 Rufnummern im Telefonspeicher festgelegt werden. Mit einer Zielwahl kann man den automatischen Wahlvorgang auslösen, d. h. es ist nur noch ein Tastendruck notwendig um z. B. eine 12-stellige Rufnummer „wählen zu lassen".

5 Telefonapparate

Elektronisches Notizbuch; will man während des Telefonierens eine Rufnummer notieren und hat nicht Papier und Bleistift zur Hand, dann kann man sie eintippen und einspeichern. Sie steht anschließend durch Tastendruck wieder zur Verfügung.

Wahl bei aufliegendem Hörer; Beim Wählen braucht man nicht mehr den Hörer in die Hand zu nehmen. Erst wenn der Teilnehmer sich meldet, hebt man den Hörer ab.

Freisprechen über einen eingebauten Lautsprecher und über ein Mikrofon kann das Gespräch geführt werden, ohne den Hörer abzuheben.

Lauthören wenn man andere Personen im Raum mithören lassen möchte, so ist das möglich.

Telefon sperren durch Eingeben einer Code-Nummer (PIN Nummer) kann das Telefon für abgehende Gespräche gesperrt werden.

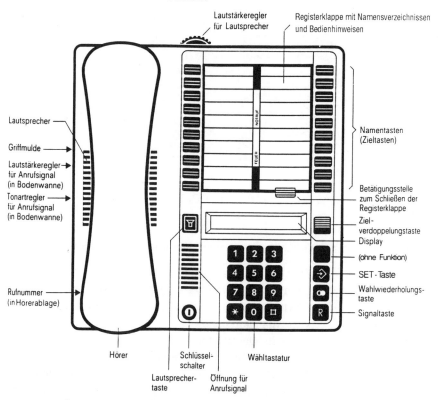

Abb. 5.5: Übersicht der Bedienelmente des Komforttelefons „elfon comfort" von ELMEG

5.1 Das analoge Telefon

Display: Zeichen und Symbole

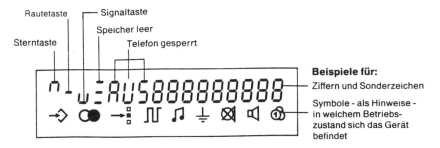

JT zeigt, daß sich das Telefon im IWV-Wahlverfahren befindet.

♫ zeigt, daß sich das Telefon im MFV-Wahlverfahren befindet.

→⟩ zeigt, daß sich das Telefon im Prozedur-Modus befindet und das Telefon nicht wahlbereit ist.
> Programmieren der Speicher oder Kontrolle der Speicherinhalte. (Beim Programmieren darf der Hörer erst dann aufgelegt werden, bzw. die Lautsprechertaste gedrückt werden, wenn dieses Symbol erlischt; andernfalls werden die einprogrammierten Merkmale nicht abgespeichert!)

⊂● zeigt in Verbindung mit JT oder ♫ , daß der Inhalt des Wahlwiederholspeichers ausgewählt wird (ist).
> sonst als Hinweis bei den Prozeduren.

→: zeigt in Verbindung mit JT oder ♫ , daß die Direktrufnummer (Notrufnummer) ausgewählt wird (ist).
> sonst als Hinweis bei der Direktrufprozedur.

◁ zeigt, daß der Lautsprecher eingeschaltet ist, und zwar bei:
> Lauthören
> Freisprechen

⊠ zeigt, daß das Telefon stummgeschaltet ist.

⊥ zeigt in Verbindung mit JT oder ♫ , daß die Erdfunktion bei Drücken der Signaltaste ausgesendet wird.

① zeigt, daß im Display Gebühren-Informationen angezeigt werden (Gebühren-Einheiten bzw. DM-Beträge).

Abb. 5.6: Display mit Zeichen und Symbolen des Komforttelefons „Modula" der Telekom

5 Telefonapparate

Direktruf, auch Babyruf genannt;
> eine gespeicherte Rufnummer (z. B.der Aufenthaltsort der Eltern), wird automatisch angewählt, wenn der Hörer (vom Kind) abgenommen und eine beliebige Zifferntaste gedrückt wird.

Gebührenanzeige; das Komforttelefon informiert über das Display automatisch über angefallene Gesprächsgebühren und Gesprächseinheiten.

Abb. 5.5 zeigt ein Bedienfeld und *Abb. 5.6* ein Display (mit Zeichen und Symbolen) eines Komforttelefons.

5.1.3 Kompakttelefone

Telefone werden dann als Kompakttelefone bezeichnet, wenn der Tastwahlblock, die Bedienelemente, Schalter usw. im Hörer integriert sind. Das Kompakttelefon besteht vom Grundsatz aus zwei Hälften: der unteren Konsole und dem oberen Hörer mit Tastatur.

5.1.4 Schnurlose Telefone

Schnurlose Telefone erfreuen sich immer größerer Beliebtheit. In Deutschland sind mittlerweile über 400 000 schnurlose Telefone angemeldet. Der Vorteil liegt auf der Hand: unabhängig von der oft lästigenTelefonschnur ist man in der Lage, in einem Abstand von etwa 200 m von der Feststation, egal ob man sich im Keller, auf der Terasse oder im Garten seines Grundstückes aufhält, zu telefonieren.

Das schnurlose Telefon besteht aus der Feststation und dem schnurlosen tragbaren Handgerät. Die Feststation wird beim Kunden installiert und ist über die übliche Telefonleitung mit dem öffentlichen Telefonnetz verbunden. Im Handgerät befinden sich alle für das Telefonieren notwendigen Bedienungstasten und die erforderlichen Batterien.

Telefoniert wird nach unterschiedlichen internationalen Standards CT1, CT1+, CT2 und DECT und somit in verschiedenen Frequenzbereichen (864 - 868 MHz beim CT2-Standard, 885 - 932 MHz beim CT1+ Standard und 1,88 - 1,90 GHz beim DECT-Standard). CT1-Geräte im Frequenzbereich von 914 - 915 MHz und 959 - 960 MHz dürfen nur noch bis 1997 betrieben werden; dann erlöscht die Zulassung. Ab diesem Zeitpunkt werden diese Frequenzen für den Mobilfunk benötigt. Entsprechend der zugelassenen Sendeleistung von 10 mW werden Reichweiten von etwa 200 - 300 m erreicht.

5.1 Das analoge Telefon

Die Deutsche Bundespost Telekom vertreibt ihre schnurlosen Telefonmodelle

- Sinus 21
- Sinus 31
- Sinus 32
- Sinus 32i
- Sinus 42
- Sinus 42AB
- Sinus 52

unter dem Vertriebsnamen *FreeLine*.

Abb. 5.7: Das schnurlose Telefon Sinus 21 der Telekom

5.1.5 Klubtelefone

Klubtelefone sind letztlich Münzfernsprecher für den Innenhausbereich. Sie sind besonders geeignet für Gaststätten, Betriebe, Verwaltungen, Vereine, Kaufhäuser, Hotels usw. Der Kunde kann unabhängig vom Personal telefonieren.

Klubtelefone haben meist folgende Leistungsmerkmale:

- Annahme von 10 Pf-, 50Pf-, 1 DM-, 2 DM- sowie 5 DM-Münzen,
- weltweite Wählverbindungen sind möglich,
- Displayanzeige des Minimumbetrages und des noch verfügbaren Guthabens,
- Optische und akustische Aufforderung zum Geldnachwurf,

5 Telefonapparate

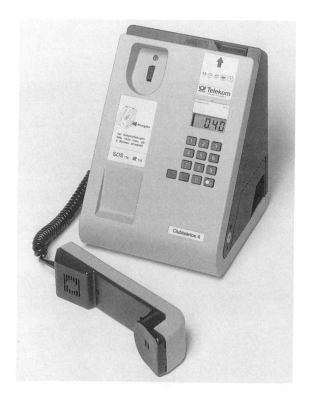

Abb. 5.8: Das Klubtelefon 4 der Telekom

- Restguthaben kann für das nächste Gespräch verwendet werden,
- Wahlwiederholung,
- elektronische Münzprüfung,
- Möglichkeit der Selbsteinstellung für die Gebührensätze je Einheit (erste Einheit und Folgeeinheiten) und für das Sperren bestimmter Münzsorten durch den Inhaber des Klubtelefons,
- ein 220V-Netzanschluß ist nicht erforderlich.

Klubtelefone kann man wie auch viele andere Telefone mit besonderen Funktionen in den Bereich der Spezialtelefone einordnen. Auch die Telekom vertreibt ihre *Spezialtelefone* unter dem Namen SpecialLine. Das Klubtelefon 4 der Telekom ist in *Abb. 5.8* dargestellt.

5.1 Das analoge Telefon

5.1.6 Telefone für Behinderte

Es ist wichtig, auch unseren Behinderten und vorallem auch den älteren Menschen Telefone anzubieten, mit denen sie besser und leichter telefonieren können. *Abb. 5.9* zeigt das Telefonmodell Vitaphon der Telekom, dessen Leistungsmerkmale insbesondere für ältere Mitmenschen interessant sein können:

- extra große Tasten mit individuell einstellbarer Druckkraft,
- Wahlwiederholung,
- Speicherplätze für 10 Rufnummern,
- elektronisches Notizbuch,
- regelbarer Tonruf,

Abb. 5.9: Das Modell Vitaphon 12 für Behinderte (Telekom)

5 Telefonapparate

- Direktruf im Notfall (wie Babyruf),
- großes Displayfeld,
- telefonieren mit aufliegendem Hörer,
- Gebührenanzeige,
- Steuergerät zum Schalten anderer Geräte, wie Licht Radio usw.
- drei Leuchtanzeigen für unterschiedlichste Aufgaben.

5.1.7 Das Kreditkartentelefon

Immer mehr Menschen sind im Besitz von Kreditkarten und bezahlen ihre Rechnungen in Hotels, Gaststätten, Flughäfen, usw. mit diesen Karten. In solchen Fällen sind schnelle und sichere Prüfungen der Bonität notwendig.

Mit dem von der Telekom vertriebenen Kreditkartentelefon „Makatel" werden solche Prüfungen dem Kreditkartennehmer ermöglicht.

Das „Makatel" ist ein Komforttelefon mit einer zusätzlichen Leseeinrichtung für Magnetstreifenkarten und einer Schnittstelle für einen Drucker. Wird die Kreditkarte in den Führungsschlitz des „Makatel" gegeben, wird automatisch über die Telefonleitung eine Verbindung zum Rechner des Kreditkarteninstitutes aufgebaut und die Prüfung durchgeführt. Nach positiver Prüfung erfolgt über den Drucker ein Belegausstoß mit entsprechender Genehmigungsnummer. Damit ist die Bonität des Kunden gewährleistet. Bei negativem Prüfungsausgang — z. B. Limit überschritten — wird eine Telefonverbindung zu einer Auskunftsstelle des Kreditkarteninstutes gleichfalls automatisch hergestellt *(Abb. 5.10)*.

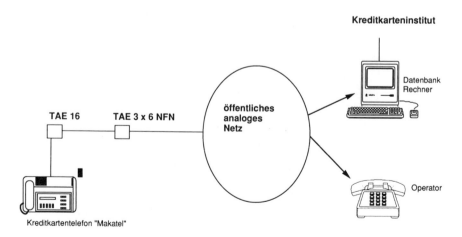

Abb. 5.10: Prinzip der Kreditkartenprüfung durch das „Makatel"

Das Kreditkartentelefon „Makatel" *(Abb. 5.11)* von ELMEG zeichnet sich durch folgende Leistungsmerkmale aus:

- umschaltbare Wahlverfahren IWV oder MFV,
- Rufnummernspeicher,
- Notizbuchfunktion,
- Wahlwiederholung,
- Wahl bei aufliegendem Hörer,
- Gebührenanzeige, getrennt nach den jeweiligen Kreditkarteninstituten,
- Displayanzeige,
- Lesen von Magnetstreifenkarten,
- Anschalten eines Druckers.

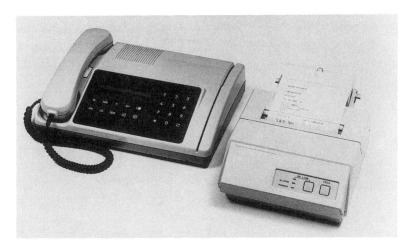

Abb. 5.11: Das Kreditkartentelefon „Makatel" von ELMEG

5.2 ISDN-Telefone

ISDN-Telefone werden oft auch als digitale Telefone bezeichnet. Hier soll der Begriff des ISDN-Telefons beibehalten werden, weil damit eindeutig die ISDN-Fähigkeit der betreffenden Modelle zum Ausdruck kommt und weil sich diese Bezeichnungsart auch in den Anwenderkreisen immer mehr durchsetzt. Auch die Deutsche Bundespost Telekom vertreibt keine digitalen Telefone sondern ISDN-Telefone.

Der grundlegende Unterschied zwischen dem analogen und dem ISDN-Telefon besteht darin, daß beim ISDN- Telefon die Sprachschwingungen bereits im Apparat digitalisiert und in dieser Form auf die Anschlußleitung gegeben werden.

5 Telefonapparate

Viele Hersteller verwenden aber auch ganz bewußt beide Bezeichnungen, also digitale Telefone und ISDN-Telefone, um auf bestimmte Leistungsmerkmale im Rahmen der Systemkonfiguration aufmerksam zu machen. Daher auch der Begriff Systemtelefone.

Aus der Sicht des Teilnehmers wird noch unterschieden zwischen:
• Einzeldienstgeräten, z. B. das ISDN-Telefon oder das ISDN-Faxgerät,
• Mehrdienstgeräten, z. B. das multifunktionale ISDN-Gerät Hicom 3510, und
• Mehrfunktionsgeräte als Integration mehrerer Einzelgeräte.

Die ISDN-Telefone stellen gegenüber den analogen Telefonen eine völlig neue Generation dar. Sie sind weder technisch vergleichbar noch kombatibel. *Abb. 5.12* zeigt das Blockschaltbild eines ISDN-Telefons.

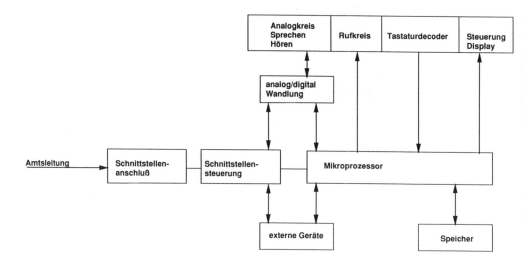

Abb. 5.12: Blockschaltbild eines ISDN-Telefons

Die Grundlage zum ISDN ist der Basisanschluß als Teilnehmeranschluß. Es stehen zwei Nutzkanäle (B-Kanäle) mit je 64 kbit/s und ein Steuerkanal (D-Kanal) mit 16 kbit/s zur Verfügung.

Die Schnittstelle für das ISDN-Telefon — und natürlich auch für die anderen ISDN-Einzelgeräte ist die international standardisierte Teilnehmerschnittstelle S_0. Sie ist vierdrähtig ausgeführt. Je Basisanschluß können bis zu 8 verschiedene Endgeräte, davon jedoch bis max. 4 ISDN-Telefone ohne zusätzliche Speisung angeschlossen werden. Telefone mit zusätzlicher Speisung können bis zur Höchstzahl von 8 Endgeräten angeschlossen werden.

5.2 ISDN-Telefone

Die Benutzeroberfläche eines ISDN-Telefons unterscheidet sich vom analogen Telefon selbstverständlich nicht wesentlich. Alle bekannten Bedienelemente und Funktionstasten sind natürlich gleichfalls vorhanden. Bestimmte Tasten sind auf Grund der erweiterten Leistungsmerkmale zusätzlich angebracht.

ISDN-Telefone werden im Handel von den verschiedensten Herstellern angeboten, allerdings ist die Modellpalette im Vergleich zu den analogen Telefonen noch sehr gering. Die Telekom vertreibt die Modelle

Granat,

Amethyst II und Amethyst III, und

Saphir.

In *Abb. 5.13* ist das ISDN-Telefon „Saphir" der Telekom abgebildet. Ein besonderes Merkmal an diesem ISDN-Komforttelefon ist die individuelle Chipkarte, mit der das Gerät auf- und abgeschlossen werden kann. Empfangsbereit ist das Gerät auch ohne Karte. Der Chip hat zudem eine Speicherkapazität für 10 Rufnummern. Das Saphir speichert automatisch bis zu 5 Rufnummern auf einer Anrufliste, die später direkt angewählt werden können.

42 Zielwahltasten sind mit jeweils zwei Rufnummern belegbar. Die Benutzerführung wird durch Softkeys (unbeschriftete Tasten) geregelt, deren Bedeutung sich je nach Gesprächs- oder Programmierungszustand verändert und über Display vermittelt wird.

Um auch bereits vorhandene analoge Telefone mit V- oder X-Schnittstellen an das ISDN-Netz anzuschalten, werden Terminaladapter (TA) angeboten: und zwar für Endgeräte mit

- V-Schnittstellen: TA a/b,
- X-Schnittstellen: TA X.21 und X.21bis, sowie
- X.25-Schnittstellen: TA X.25.

Verschiedene Hersteller bieten multifunktionale ISDN-Geräte an, wie zum Beispiel die Telekom das MultiTel31, Siemens das HICOM 3510, DeTeWe das varix pct2 oder Telenorma das System TX 90.

Dabei rückt aber immer mehr der PC als multifunktionales Endgerät in den Mittelpunkt des Interesses für ISDN. Mit entsprechenden Erweiterungskarten läßt sich der PC letztlich zum ISDN-Endgerät aufrüsten. Die Zukunft wird hier alsbald die Weichen in diese Richtung stellen [9].

5 Telefonapparate

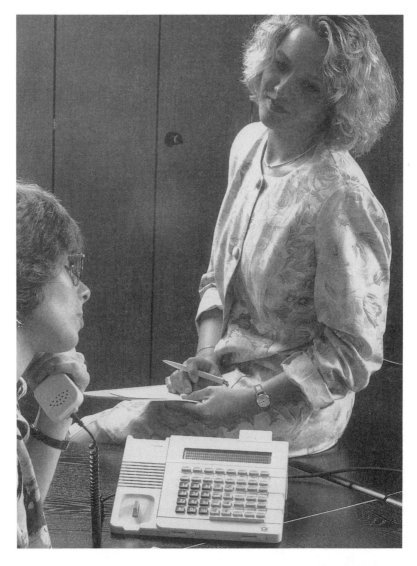

Abb. 5.13: Das ISDN-Komforttefelon „Saphir" der Telekom

5.3 Telefon-Zusatzgeräte

Der ISDN-Anschluß verfügt gegenüber dem analogen Anschluß über folgende zusätzlichen Dienstemerkmale:

- Anklopfen mit Anzeige,
- Anrufliste,
- Anrufumleitung,
- Automatischer Rückruf,
- Durchwahl,
- Gebührenübernahme,

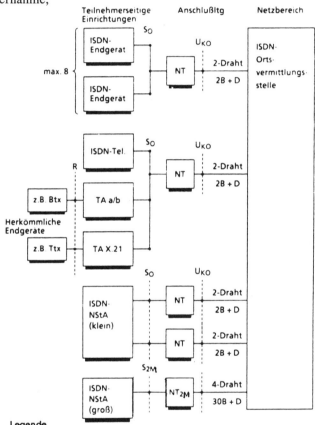

Legende

NT = Netzabschluß (network termination)
TA = Terminal adapter
R = herkömmliche Endgeräteschnittstelle, z.B. a/b, X.21
S_0 = ISDN-Basisanschluß-Schnittstelle
S_{2M} = ISDN-Primärmultiplexanschluß-Schnittstelle

Abb. 5.14: ISDN-Teilnehmerschnittstellen und die möglichen Anschaltungen an die ISDN-Ortsvermittlungsstelle (nach [9])

65

5 Telefonapparate

- Geschlossene Benutzergruppe,
- Konferenzverbindungen,
- Kurzwahl,
- Rückfragen, Makeln,
- Anrufweiterschaltung,
- Sperre für abgehende Verbindungen,
- Sperre für ankommende Verbindungen,
- Wahlwiederholungen,
- Automatisches Wecken,
- Anzeige der Rufnummer des rufenden Teilnehmers,
- Fangen,
- Anzeige Gebühreneinheiten,
- Dienstwechsel während der Verbindung [9].

In *Abb.* 5.14 sind noch einmal die ISDN-Teilnehmerschnittstellen und die möglichen Anschaltungen an eine ISDN-Ortsvermittlungsstelle dargestellt.

5.3 Telefon-Zusatzgeräte

Unter Zusatzgeräten versteht man all die Geräte und technischen Einrichtungen, die sowohl eigenständige Dienste realisieren helfen, wie z. B. den Telefaxdienst, als auch solche, die früher unter dem Begriff des Telefon-Zubehörs eingestuft wurden, aber doch unmittelbar und konkret eine unterstützende Funktion beim Telefonieren ausüben.

Vom Grundsatz her gibt es drei Arten von Zusatzgeräten, die nach ihrer Anschaltungsart zum Telefon unterschieden werden:

- Zusatzgeräte der Gruppe A: diese müssen die Bedingungen der a/b-Schnittstelle erfüllen und sind vor dem Telefon in die Amtsleitung eingeschleift (z. B. Anrufbeantworter),
- Zusatzgeräte der Gruppe B: diese werden in weiterführende Sprechadern hinter dem Telefon eingeschleift (auslaufend),
- Zusatzgeräte der Gruppe C: diese werden an der Schnittstelle Z1/Z2 (Zweithörerschnittstelle) hinter dem Telefon angeschaltet.

Die bekanntesten Zusatzgeräte sind:

- Der Anrufbeantworter:
    Dient der Information des abwesenden Nutzers über zwischenzeitlich eingetroffene Anrufe.

- Der Fernkopierer (Telefaxgerät):
  Dient der Übermittlung von schriftlichen Vorlagen an andere Fax-Teilnehmer.
- Die Daten-Anpassungseinrichtung:
  Dieses Modem wird zur Datenübermittlung über Telefonleitungen verwendet.
- Die Btx-Anpassungseinrichtung:
  Dient als Zugang zum Bildschirmtext.
- Große Klingel: Kann eingesetzt werden zur Rufunterstützung im Freien oder in Bereichen mit hohem Lärmpegel (Außenwecker).
- Vorsatzgebührenanzeiger:
  Ist eine alternative Lösung zu den Telefonen mit Gebührenanzeige.
- Anrufrelais: Werden eingesetzt zum Schalten von optischen oder akustischen Signalanlagen (z. B. Hupen, Lampen).
- Sperreinrichtungen:
  Gestatten das Sperren des abgehenden Verkehrs von Telefonen und Zusatzgeräten. Das Führen ankommender Gespräche ist möglich.
- Drahtlose Telefonverstärker:
  Sie werden neben das Telefon gestellt und realisieren praktisch das Lauthören. Dieses Prinzip funktioniert jedoch nicht bei den modernen elektronischen Telefonen.
- Zweithörer: Bei Telefonen mit Zweithöranschluß zu verwenden.
- Anrufverzögerungsschaltung:
  Wird eingesetzt, um den eingehenden Ruf erst verzögert an das Telefon zu schalten. Das kann erforderlich sein bei zugeschalteten Modems, wenn der Ruf für das Modem bestimmt ist.
- Regelbarer Hörverstärker:
  Der Nutzer kann individuell die Lautstärke am Hörer einstellen.

5.4 Zusammenstellung der von der Deutschen Bundespost vertriebenen Telefone (nach [8] und [10]):

Standardtelefone: Signo   Actron B
                    Singo 2   IQ-Tel W
                    Lombard S   Telefon 01 LX
                    Stralsund

5 Telefonapparate

Komforttelefon:	IQ Tel 1	Stralsund AB
	IQ Tel 2	Telly AB
	Modula	Actron AB
	Monaco 1	Stratos
	Monaco 2	Tel. 2001 (Porsche)
	California	Caleidofon
	Ergotel	
Schnurlose Telefone:	Sinus 21	Sinus 42
	Sinus 31	Sinus 42 AB
	Sinus 32	Sinus 52
	Sinus 32i	
Kompakttelefone:	Duo	Trion 1
	Strega	Trion 2
	LeMans	Secury
	Stellar	Spheron
Spezielle Telefone:	Vitaphon 11	Clubtelefon 4
	Audiophon 2	Multikom L
	Audiophon 3	Multikom S
	Clubtelefon 1	Delegatic

5.5 Anrufbeantworter

Anrufbeantworter sind ferngesteuerte Tonbandgeräte, die durch den Rufstrom der Wählverbindung eingeschaltet werden und einen vorher aufgesprochenen Text abspielen. Danach erfolgt automatisch die Umschaltung auf „Aufnahme" und der rufende Teilnehmer kann eine Nachricht auf das Band aufsprechen.

Moderne Anrufbeantworter verfügen über folgende Leistungsmerkmale:

- Ansagen:
  Durch den Anwender wird ein Ansagetext aufgesprochen, der jederzeit geändert werden kann. Die Aufzeichnungszeit für die Ansage ist geräteabhängig und beträgt oft zwischen 12 und 30 Sekunden. Die Ansagen können auf Festkörperspeicher oder Cassette erfolgen. Im Ansagetext ist die Sprechaufforderung für den Anrufer mit enthalten.
- Aufnahmekapazität:
  Sie richtet sich nach den eingesetzten Cassetten (C-15, C-30 oder C-60) und kann bis zu einer Stunde betragen.

5.5 Anrufbeantworter

Die Aufnahmezeit ist unterschiedlich einstellbar und sollte aber begrenzt bleiben auf etwa eine Minute je Anruf, damit ein Anrufer das Band nicht bis zum Bandende besprechen kann. Hinterläßt eine Anrufer keine Nachricht, d. h. er spricht nicht, so schaltet der sprachgesteuerte Anrufbeantworter nach etwa 8 Sekunden ab.

- Schlußansage:
Wird vom Anwender auf das Ansageband aufgesprochen um dem Anrufer das Bandende anzukündigen. Dauer der Schlußansage ca. 3 Sekunden.
- Mithören:
Die Mithörfunktion ermöglicht ein Mithören des Gespräches während der Aufzeichnung. Es kann somit immer noch entschieden werden, ob man mit dem Anrufer sprechen will. Übernimmt man das Gespräch, wird die Aufnahme automatisch gestoppt.
- Mitschneiden:
Mit dem Anrufbeantworter kann man selbstverständlich jedes Telefongespräch mitschneiden bzw. aufnehmen.
- Ein Display zeigt die Zahl der eingegangenen Anrufe an und zu welcher Zeit sie eingegangen sind.
- Fernabfrage mit Codesender:
Mittels eines Codesenders kann man von jedem beliebigen Telefon seinen Anrufbeantworter anrufen. Damit kann man die aufgezeichneten Anrufe abhören und auch die Ansagetexte ändern.
Die Funktion des Codesenders besteht darin, daß nach Wahl der Rufnummer von einem Telefon aus der Codesender an das Mikrofon des Telefons gehalten wird und nach Eingabe eines Paßwortes folgende Funktionen mittels Tasten ausgelöst werden können:
Rückspulen,
Wiedergabe,
Schnelle Wiedergabe,
Raumüberwachung (die Raumgeräusche können für 60 s abgehört werden),
Stop,
Löschen.

Internationale Fernmelde-Organisationen

ISO
International Organisation for Standardisation; Internationale Organisation für Normung

ITSTC
Information Technology Steering Commitee, Comité de direction de la technologie de l'information (CEN/CENELEC/ETSI)

TBETSI
Technischer Beirat für Normungsfragen des ETSI

TBINK
Technischer Beirat für Internationale und Nationale Koordinierung

CCIR
Comité Consultatif International des Radiocommunications; Internationaler beratender Rundfunkausschuß

CCITT
Comité Consultatif International de Télégraphique et Téléphonique; Internationaler beratender Ausschuß für den Telegraphen- und Fernsprechdienst

CEN
Comité Européenne de Normalisation; Europäisches Komitee für Normung

CENELEC
Comité Européenne de Normalisation Electrotechnique; Europäisches Komitee für elektrotechnische Normung

CEPT
Conférence Européenne des Administrations des Postes et des Télécommunications; Europäische Konferenz der Post- und Fernmeldeverwaltungen

DIN
Deutsche Elektrotechnische Kommission im DIN und VDE

EN
Europäische Norm, European Standard, Norme Européenne (CEN/CENELEC)

ETS
European Telecommunications Standard, Norme Européenne de Télécommunications (ETSI); Europäische Telekommunikationsnorm

ETSI
European Telecommunications Standards Institute; Europäisches Institut für Telekommunikationsstandards

IEC
International Electrotechnical Commission; Internationale Elektrotechnische Kommission

6 Telefon-Anschaltetechnik

Die Telefonanschaltetechnik hat in den vergangenen Jahrzehnten eine enorme Veränderung erfahren. Bis in die beginnenden 60er Jahre war die Postklemmdose mit Schraubklemmverbindung die übliche und gängige Standardanschaltung für Telefone. Das Telefon wurde fest an diese Klemmdose angeschlossen. Es gab aber auch schon die Möglichkeit der Installation von Dosenanlagen, bei denen über einen Walzenstecker das Telefon angeschaltet werden konnte.

Ab der 60er Jahre bis Anfang der 80er Jahre war die Verbinderdosentechnik vorherrschend. Die feste Anschaltung des Telefons erfolgte mittels Steckverbinder.

In den 80er Jahren erfolgte die Entwicklung der heute eingesetzten Telekommunikations-Anschluß-Einheit.

6.1 Die Telekommunikations-Anschluß-Einheit TAE

Heute wird als Anschaltetechnik nur noch die TAE-Technik verwendet. Sie bietet den Vorteil des „steckbaren" Telefons und es werden Einfach- und Mehrfachanschaltemöglichkeiten angeboten. Insgesamt hat sich damit die Telefoninstallation vereinfacht; sie ist übersichtlicher geworden.

Die TAE besteht aus der TAE-Dose (TAE-Do) und dem TAE-Stecker (TAE-S) Je nach Anwendungsfall werden verschiedene TAE eingesetzt. Die Bauform unterscheidet zwischen Aufputz (AP) und Unterputz (UP).

TAE-Dosen und -Stecker werden mit unterschiedlichen Kodierungen hergestellt, um Bedienfehler durch den Teilnehmer zu vermeiden. *Kodierungen* sind beim Stecker angebrachte seitliche Führungsgrippen, die in ebensolche Aussparungen in der Dose eingreifen. Man spricht vom sogenannten „Steckergesicht" oder von der Steckkulisse.

Man unterscheidet die

- Kodierung F für Telefone und die
- Kodierung N für alle Zusatzeinrichtungen, wie z. B. Faxgeräte.

6.1 Die Telekommunikations-Anschluß-Einheit TAE

Dabei steht der Buchstabe F für Fernsprechen und der Buchstabe N für Nonvoice-Dienste (Nicht-Sprach-Dienste). *Abb. 6.1* zeigt die beiden „Steckergesichter" für F und N.

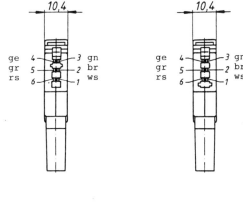

Abb. 6.1:
Die TAE „Steckergesichter" für F und N

Je nach Ausführungsform des Steckers unterscheidet man eine verriegelte oder eine verrastete Verbindung. Das ist abhängig von der konstruktiven Bauform einer federnden Nase an der oberen Schmalseite des Steckers. Für die normale TAE-Verbindung, also für das Telefon und für alle gängigen Zusatzgeräte wird die verrastete Ausführung eingesetzt. Die verriegelte Verbindung wird bei 16-poligen TAE verwendet. Das Lösen einer verriegelten Verbindung ist nur mit einem Hilfswerkzeug möglich.

Folgende Grundausführungen von TAE-Dosen sind eingesetzt:

- Anschlußeinheit einfach für ein Telefon oder ein Zusatzgerät,
- Anschlußeinheit zweifach für zwei Telefone,
- Anschlußeinheit dreifach für ein Telefon und zwei Zusatzgeräte,
- Anschlußeinheit dreifach für zwei Telefone und ein Zusatzgerät,

Die Steckergrundausführungen sind:

- sechspoliges Steckergesicht und vierpolig bestückter Steckereinsatz zum Anschalten von Telefonen,
- sechspoliges Steckergesicht und fünfpolig bestückter Steckereinsatz zum Anschalten von Zusatzgeräten,
- sechspoliges Steckergesicht mit sechspolig bestücktem Steckereinsatz zum Anschalten von Telefonen und Zusatzgeräten.
- sechzehnpoliges Steckergesicht für spezielle Anwendungen.

6 Telefon-Anschalttechnik

Die einzelnen *Dosenschaltungen* sind wie folgt ausgeführt (Quelle: Fa. Ackermann):

Anschlußdosen TAE 6 F bzw TAE 6 N:

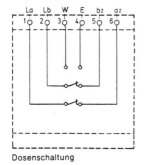

Vorzugsweise geignet für den Anschluß eines Telefons (F-Kodierung) oder eines Zusatzgerätes (N-Kodierung)

Anschlußdose TAE 6/6 F/F:

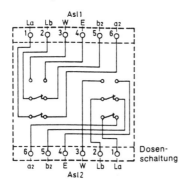

Vorzugsweise geignet für den Anschluß von zwei Telefonen.

Anschlußdose TAE 2x6/6 NF/F:

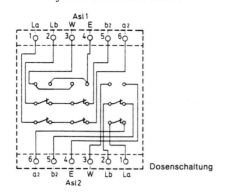

Vorzugsweise geignet für den Anschluß einer Zusatzeinrichtung in Reihenschaltung mit einem Telefon sowie einem weiteren Telefon in Einzelschaltung.

6.1 Die Telekommunikations-Anschluß-Einheit TAE

Anschlußdose TAE 3x6 NFN:

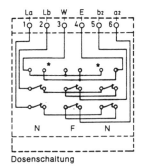

Dosenschaltung

Vorzugsweise geeignet für den Anschluß eines Zusatzgerätes sowie eines weiteren Zusatzgerätes in Reihenschaltung mit einem Telefon.

Die Beschaltung der *TAE-Stecker* für eine sechspolige Anschlußschnur, z. B. TAE 6N1 -S, zeigt nachfolgendes Bild:

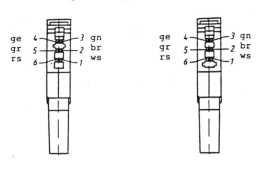

Verwendung als Telefonschnur oder Zusatzgeräteschnur (je nach Kodierung) an eine sechspolige TAE-Dose.

Kodierung "N"   Kodierung "F"

75

6 Telefon-Anschalttechnik

Abb. 6.2: Ausführungsformen verschiedener TAE-Dosen von Ackermann
a) TAE 6F AP (Aufputz) zum Anschluß eines Telefons
b) TAE 6/6 F/F UP (Unterputz) für zwei Telefone
c) TAE 3x6 NFN AP für ein Telefon und 2 Zusatzeinrichtungen
d) TAE 6N für Kombinationseinbau zum Anschluß einer Zusatzeinrichtung

Abb. 6.2 zeigt verschiedene TAE Anschlußdosen und *Abb. 6.3* die Anschlußschnur TAE 6N mit Miniatursteckverbinder.

6.2 Mehrfachanschaltung von Telefonen

Schon immer wurde nach technischen Möglichkeiten gesucht, an eine Amtsleitung mehrere Telefone anzuschalten. Denn nur ein einfaches Parallelschalten zweier Apparate an eine Amtsleitung ist nicht zulässig. Die Gründe für dieses Verbot sind:
- ein Parallelschalten zweier Telefone kann beim Wählvorgang zu Impulsverzerrungen und damit zu Falschwahlen führen,
- die aus der Vermittlungsstelle zur Verfügung gestellte Energie für die Telefonspeisung reicht unter besonderen Bedingungen eben nur für ein Telefon,
- das zweite parallelgeschaltete Telefon verursacht zusätzliche Dämpfungen; dadurch kann es zu Verständigungsschwierigkeiten kommen.

6.2 Mehrfachanschaltung von Telefonen

Es gilt deshalb die Grundregel: im Gesprächszustand darf immer nur ein Telefon an der Amtsleitung angeschaltet sein; im Ruhezustand dürfen maximal vier Geräte parallel geschaltet sein. Das wird gesichert durch *Automatische Wechselschalter*, abgekürzt *AWADo*.

Die automatischen Wechselschalter werden heute nur noch eingesetzt. Im passiven Zustand sind zwar beide Telefone parallel geschaltet, jedoch wird im Gesprächszustand das nicht benutzte Telefon automatisch von der Leitung getrennt. Ein interner Verkehr zwischen den beiden Telefonen ist auch gewollt nicht möglich. Die AWADo gibt es in verschiedenen Ausführungen. So gibt es welche zum Anschluß von zwei Telefonen an eine Anschlußleitung ohne Bevorrechtigung einer Sprechstelle und es gibt welche mit bevorrechtigter Schaltung für den Hauptapparat.

Beim *AWADo 1/2* werden zwei Telefone an einer Amtsleitung betrieben; bei beiden Apparaten kommt der Ruf an. Beide Apparate können somit das Gespräch führen. Das Gespräch kann zwischen beiden Apparaten umgeschaltet werden. Die am Gespräch nicht beteiligten Apparate werden automatisch abgeschaltet.

Der *Automatische Mehrfachschalter AMS* erlaubt das Anschalten von vier Apparaten an eine Amtsleitung.

Das Anschlußschema eines AWADo ist in *Abb. 6.4* und das Foto eines AWADo in *Abb. 6.5* abgebildet.

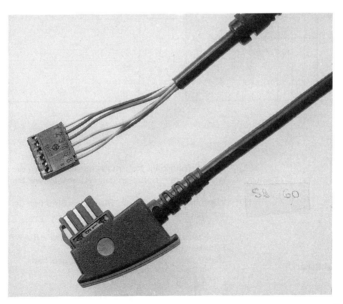

Abb. 6.3: Anschlußschnur TAE 6N mit 6poligem Miniatursteckverbinder (Typ MSV 6) von Ackermann

6 Telefon-Anschalttechnik

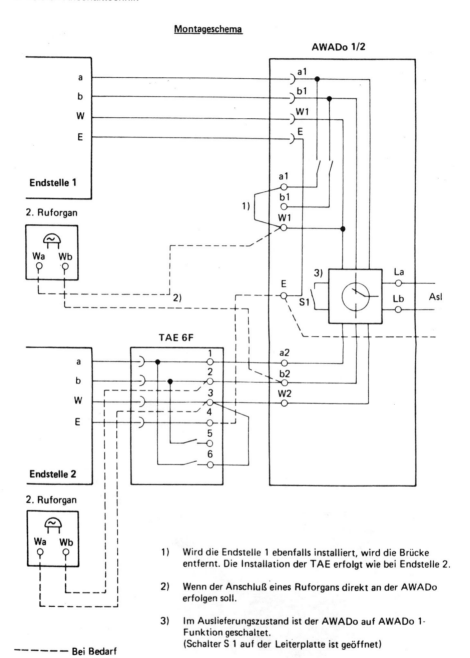

Abb. 6.4: Anschlußschema des AWADo 1/2 (Telekom)

6.3 Der Übergabepunkt der Deutschen Bundespost Telekom

Mit der Liberalisierung des Endgerätemarktes (ab 1.1.92 auch in den neuen Bundesländern!) war die Definition einer exakten Schnittstelle zwischen dem Netz der Deutschen Bundespost (Monopolbereich) und der Teilnehmerseite (Wettbewerbsbereich) notwendig.

Als Schnittstelle oder besser Übergabepunkt wurde der *analoge Netzabschluß NTA (Network Termination analog)* festgelegt. Dieser Netzabschluß besteht im allgemeinen bei einfachen Endstellen aus einer TAE-Dose 6 NFN mit einem passiven Prüfabschluß PPA und wird normalerweise im Wohnbereich des Teilnehmers installiert.

Diese erste TAE-Dose gehört somit noch zum Hoheitsgebiet der Deutschen Bundespost. Der passive Prüfabschluß PPA besteht aus einer Reihenschaltung eines Widerstandes mit einer Diode. Damit ist es der zuständigen Dienststelle der Telekom vom Prüfplatz aus möglich, durch einfaches Adernvertauschen zu prüfen, ob die Leitung vom Amt bis zum NTA gleichstrommäßig in Ordnung ist. Der NTA ist in *Abb. 6.6* schaltungsmäßig dargestellt.

Nach dem NTA kann nun der Teilnehmer seine eigene Endgerätekonfiguration mit zugelassenen Geräten anschalten. Diese Endgeräte-Installation liegt dabei voll in Verantwortung des Nutzers.

Abb. 6.5: Automatischer Wechselschalter AWADo von Ackermann

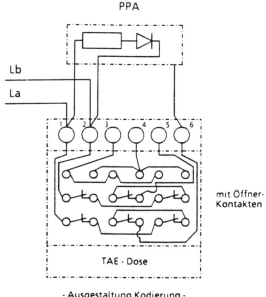

Abb. 6.6: Der Analoge Netzabschluß NTA

6 Telefon-Anschalttechnik

6.4 Installation von Telefonen

Falls der geneigte Leser einmal in die Verlegenheit geraten sollte, sein Telefon bzw. seine TAE-Dosen in seiner Wohnung selbstverlegen bzw. montieren zu wollen, muß er wissen, daß für solche Arbeiten der zugelassene Fachmann gerufen werden muß. Trotz dieser Einschränkung sind Grundkenntnisse der Installationstechnik und des erforderlichen Installationsmaterials sowie der Anschlußtechnik für den an der Telefontechnik interessierten Laien von großem Nutzen. Man sollte ja hieraus auch keine unnötige Geheimniskrämerei machen. Nachfolgend deshalb einige Hinweise dazu.

Anschlußklemmen der TAE-Dose:

Wenn man die TAE-Dose einmal aufschraubt (Achtung, die erste TAE-Dose ist Hoheitsgebiet der Bundespost!), dann sieht man auf sechs Anschlußklemmen, die auch von 1 bis 6 bezeichnet sind. Diese Anschlußklemmen haben folgende Bedeutung:

Klemme 1 oder La:	a-Ader der Amtsleitung, Farbe weiß
Klemme 2 oder Lb:	b-Ader der Amtsleitung, Farbe braun
Klemme 3 oder W:	Schaltkontakt von Telefonen oder Zusatzgeräten, Farbe grün
Klemme 4 oder E:	Erdkontakt für Nebenstellenanlagen, Farbe gelb
Klemme 5 oder b2:	Ader zur Fortführung der Amtsleitung für den eigenen Bedarf als Nutzer
Klemme 6 oder a2:	Ader zur Fortführung der Amtsleitung für den eigenen Bedarf als Nutzer

Dabei sind die angegebenen Farben die Farben der Anschlußschnur.

Installationskabel:

Das für die Installation von Telefonleitungen in und an Gebäuden verwendete Installationskabel I-YY enthält als Verseilelemente Stern-Vierer und ist bündelverseilt. Es enthält Kupferleiter von 0,6 mm Durchmesser.

Je 4 Adern sind zu einem Stern-Vierer, je 5 Stern-Vierer, das entspricht 10 Doppeladern, zu einem Bündel verseilt *(Abb. 6.7)*. In einem Bündel sind gekennzeichnet:

- Adern des Stern-Vierers 1: Grundfarbe rot,
- Adern des Stern-Vierers 2: Grundfarbe grün,
- Adern des Stern-Vierers 3: Grundfarbe grau,
- Adern des Stern-Vierers 4: Grundfarbe gelb,
- Adern des Stern-Vierers 5: Grundfarbe weiß.

Zählelement ist der Stern-Vierer mit der roten Grundfarbe.

6.4 Installation von Telefonen

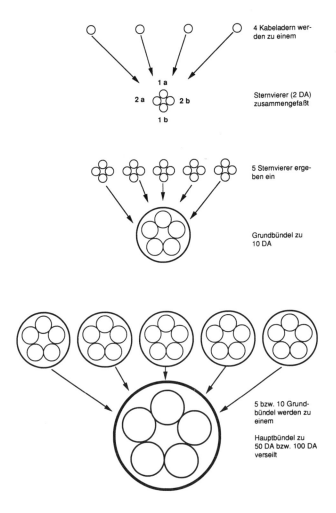

Abb. 6.7: Struktur des Telefoninstallationskabels von der Doppelader zum Hauptbündel

6 Telefon-Anschalttechnik

Das Installationskabel I-YY gibt es mit folgender Anzahl von Doppeladern:

DA	:	2	4	6	10	16	20	24	30	40
kg/km	:	30	55	70	105	155	190	220	280	360
Durchmesser in mm	:	4,5	6,5	7,0	8,5	10,0	11,0	11,5	13,0	15,0

Fortsetzung

DA	:	50	60	100
kg/km	:	440	515	840
Durchmesser in mm	:	16,5	17,5	22,5

Installationsdrähte

Installationsdrähte der Form Y werden zum Schalten in Linien- und Kabelverzweigern und Verteilern für den Innenausbau verwendet. Folgende Drähte finden Anwendung:

Kurzbezeichnung	Anzahl der Adern	Farbkennzeichnung
1 x 0,6	einadrig	rot (Draht für Erdung)
2 x 0,6	zweiadrig	weiß-braun
3 x 0,6	dreiadrig	weiß-braun-grün
4 x 0,6	vieradrig	weiß-braun-grün-gelb

Rangierdrähte

Rangierdrähte der Form YV werden zum Beschalten von Verteilern in Ortsvermittlungsstellen und Nebenstellenanlagen benötigt. Folgende Drähte werden verwendet:

Kurzbezeichnung	Anzahl der Adern	Farbkennzeichnung
1 x 0,6	einadrig	rot (auch andere Farben)
2 x 0,6	zweiadrig	weiß-schwarz
3 x 0,6	dreiadrig	weiß-schwarz-grün
4 x 0,6	vieradrig	weiß-schwarz-grün-gelb

7 Öffentliche Telefone

Unter öffentlichen Telefonen versteht man die allseits bekannten öffentlichen Münzfernsprecher (ÖMünz) und öffentlichen Kartentelefone (ÖKartTel). Sie sind aus unserem Stadtbild nicht mehr wegzudenken.

Zur Zeit sind an den Standorten der Telefonhäuschen meistens sowohl die Münztelefone als auch die Kartentelefone installiert. Es ist davon auszugehen, daß in Zukunft die ÖMünz an Bedeutung verlieren, da immer mehr Bundesbürger der Telefonkarte den Vorzug geben. Das ist auch gut so, denn der wegen des in den Münzern vorhandenen Bargeldes zu verzeichnende Vandalismus verursacht jährlich Schäden in beträchtlichen Größenordnungen.

7.1 Öffentliche Münztelefone

Durch die Fusion der beiden Postunternehmen im Vereinigungsprozeß Deutschlands sind in den alten und neuen Bundesländern noch unterschiedliche Modelle bzw. Typen von ÖMünz anzutreffen.

So waren von der Deutschen Bundespost in den vergangenen Jahren in den Altbundesländern folgende Modelle eingesetzt:

ÖMünz 56, ab 1956,

ÖMünz 63, ab 1963,

öMünz 57, ab 1972,

ÖMünz 20, ab 1977,

ÖMünz 21, ab 1984,

und von der Deutschen Post in den neuen Bundesländern die Modelle

ÖMünz 58, ab 1958,

ÖMünz 60, ab 1962,

ÖMünz 69, ab 1970.

7 Öffentliche Telefone

Zwischenzeitlich wird nur noch das Modell ÖMünz 21 eingesetzt. Die anderen Modelle werden oder sind schon ausgewechselt. Wichtige Funktionsgruppen und Leistungsmerkmale des ÖMünz 21 sind:

- *die Münzprüfung;*
  geprüft werden die Münzen auf ihre minimale Dicke und auf ihren minimalen Durchmesser. Diese Prüfung erfolgt mechanisch. Zu schmale oder zu kleine Münzen kommen in die Geldrückgabe. Im Münzprüfkanal für die 1-DM-Münzen ist zusätzlich eine Riffelprüfung angebracht. Werden also Münzen mit einer Randriffelung eingeworfen, erfolgt über einen mechanischen Hebel ein Abbremsen der Laufgeschwindigkeit und damit ist ein Aussortieren möglich.
- *die Materialprüfung;*
  geprüft werden die Münzen auf ihre Materialzusammensetzung. Das erfolgt berührungslos mit Hilfe einer elektrischen Brückenschaltung. Bei einer „guten" Münze ist die Brücke im Gleichgewicht; die Münze kann passieren. Eine „schlechte" Münze bringt die Brücke aus dem elektrischen Gleichgewicht und wird deshalb in den Rückgabebecher umgelenkt.
- *Münzverarbeitung*
  verarbeitet werden 10-Pf-, 1-DM- und 5-DM-Münzen.
- *Gebühren;*
  Die Gebühren sind in ganz Deutschland einheitlich und betragen je 16-kHz-Impuls 30 Pf. Das heißt, auch das Ortsgespräch kosten 30 Pf.
- *Kassierung;*
  Die Kassierung erfolgt nach den von der Vermittlungsstelle zum ÖMünz übertragenen 16-kHz-Impulsen. Das Abbuchen vom Guthaben erfolgt in 10-Pf-Abschnitten und wird im Display angezeigt.
- *gesperrte Rufnummern;*
  gesperrt sind die Rufnummern der Telegrammannahme, des handvermittelten Telefondienstes Inland und Ausland und andere Rufnumnummern, die vom ÖMünz nicht angewählt werden sollen.
- *münzfreie Rufnummern;*
  als münzfreie und damit gebührenfreie Rufnummern können geschaltet werden der Notruf, die Feuerwehr, die Inlands- und Auslandsauskunft, der Service 130 und die Störungsstelle des zuständigen Fernmeldeamtes.
- *Nachzahlaufforderung;*
  sowohl durch Blinken im Display als auch durch akustische Signale im Hörer wird etwa 10 s vor der Gesprächstrennung der Kunde zur Nachzahlung aufgefordert.
- *Wiederwahlfunktion;*
  hat man nach dem Gesprächsende noch einen Restbetrag als Guthaben im Display stehen, so kann man ihn für ein weiteres Gespräch verwenden, indem man den Hörer ganz kurz (ca 1s) einhängt.

7.2 Teilnehmermünztelefone

Diese Art der Münzer für den Innenbereich sind am Beispiel des Klubtelefons 4 der Telekombereits im Abschnitt 5.1.5 beschrieben. Der Vollständigkeit halber soll hier auf die Modelle PHONOTAXE BTE 25, AGIFON 50 und AGIFON 100 von Landis & Gyr hingewiesen.

7.3 Öffentliche Kartentelefone

Seit 1989 werden in der Bundesrepublik Deutschland öffentliche Kartentelefone betrieben. Sie erfreuen sich immer größerer Beliebtheit. Inzwischen sind in Deutschland einschließlich der neuen Bundesländer über 20000 Kartentelefone installiert. Bis 1995 sind 100 000 Stück vorgesehen [11]. Am öffentlichen Kartentelefon kann mit der Telefonkarte und mit der TeleKarte telefoniert werden.

Wichtige Funktionsgruppen und Leistungsmerkmale des öffentlichen Kartentelefons sind:

- *Kartenleser;*
  hier erfolgt das Lesen und Auswerten der Kartendaten mit gleichzeitiger Übertragung von Daten zur Anschalteeinheit für Kommunikationseinrichtungen (AEK), die sich in der Vermittlungsstelle befindet. Die Anschalteeinheit prüft die Telefonkarten hinsichtlich der Echtheit, Gültigkeit und auf Sperrung und gibt dann den Weg frei für den Verbindungsaufbau.
- *Display;*
  das alphanumerische Display ist zweizeilig aufgebaut und besitzt 2x16 Stellen. Über eine Sprachenwechseltaste ist die Benutzerführung in deutsch, englisch oder französisch möglich.
- *Kartenwechsel;*
  bei Guthaben von kleiner einer Gebühreneinheit signalisiert das Kartentelefon optisch und akustisch die Aufforderung zum Kartenwechsel. Bei Beachtung der Hinweise auf dem Display braucht das Gespräch nicht beendet werden, sondern wird nach Einführen der neuen Karte fortgesetzt.
- *Datenübertragung;*
  beim Telefonieren mit dem Kartentelefon werden über die a/b-Anschlußleitung zwischen Kartentelefon und Anschalteeinheit in der Vermittlungsstelle während des Gespräches Daten übertragen. Das ist möglich durch die „Data Overvoice Übertragung" (DOV), die den Datenaustausch bei etwa 40 kHz parallel zum Gespräch vornimmt.

7 Öffentliche Telefone

Abb. 7.1 zeigt das bekannte Modell des Kartentelefons der Telekom.

Abb. 7.1: Kartentelefon

7.3.1 Die Telefonkarte

Die Telefonkarte berechtigt zum Telefonieren am öffentlichen Kartentelefon. Es ist eine Karte mit Guthaben, das man in einer beliebigen Zeit „abtelefonieren" kann. Sie wird auch oft als vorausbezahlte Telefonkarte bezeichnet. Die Karten haben die Abmessungen 85,6 mm (Breite), 53,96 mm (Höhe) und 0,76 mm (Dicke), wobei diese Angaben ebenfalls für die nachfolgend beschriebenen Karten gelten. Die *Abb. 7.2* zeigt unterschiedlich gestaltete Telefonkarten.

Abb. 7.2: Telefonkarten für das öffentliche Kartentelefon Quelle: Telekom

Es werden Telefonkarten mit folgenden Guthaben verkauft:

- Telefonkarte für 6 DM und 20 Einheiten,
- Telefonkarte für 12 DM und 40 Einheiten und letztlich die
- Telefonkarte für 50 DM und 200 Einheiten.

Dabei ist zu beachten, daß bei den 6,— und 12,— DM-Karten die Einheit 30 Pf kostet; dagegen bei der 50,—DM-Karte nur 25 Pf. Ist die Telefonkarte „abtelefoniert", ist sie wertlos. Sie ist nicht mehr aufladbar.

7.3.2 Die TeleKarte

Die TeleKarte kann verwendet werden beim

- öffentlichen Kartentelefon, beim
- Mobiltelefon im C-Netz und beim
- Btx-Home-Banking (Erledigung der Bankgeschäfte von zu Hause aus), wenn das Btx-Terminal mit einem Kartenleser ausgerüstet ist.

Bei der TeleKarte erfolgt das Abrechnen der Gebühren nachträglich über die Fernmelderechnung. Die TeleKarte ist also mehr für die sogenannten Vielsprecher gedacht. Der Karteninhaber kann ja so oft und so lange er will telefonieren; ihm sind ja keine Begrenzungen durch abnehmende Guthabenbeträge vorgegeben.

Die TeleKarte kostet einmalig 20,—DM für die Ausstellung und monatlich 3,—DM Verwaltungsgebühr. Dafür beträgt die Gebühreneinheit am öffentlichen Kartentelefon nur 23 Pfennig.

TeleKarten der C-Netzteilnehmer, die zusätzlich mit dem Symbol des Kartentelefons ausgestattet sind, können ihre Karte natürlich auch am öffentlichen Kartentelefon bei einer Gebühreneinheit von 23 Pfennig verwenden.

Abb. 7.3: TeleKarten für das öffentliche Kartentelefon und für das Mobilfunk-Netz (C-Netz).
Quelle: Telekom

TeleKarten können nur nach Eingabe einer persönliche Geheimzahl (PIN = Persönliche Identifikations-Nummer) benutzt werden. Diese PIN kennt der Karteninhaber nur persönlich. Nach drei falschen PIN-Eingaben wird die Karte gesperrt. Es besteht auch die Möglichkeit durch den Karteninhaber selbst, am öffentlichen Kartentelefon seine PIN beliebig oft zu ändern.

7.3.3 Kreditkarten

Seit 1989 wird das *Öffentliche Kartentelefonsystem für internationale Kreditkarten* (abgekürzt: ÖKart INKA) von der Telekom zur Verfügung gestellt. Danach ist es den Inhabern von Kreditkarten der Gesellschaften

- Diners,
- American Express,
- Eurocard/Mastercard/Acesscard,
- Visa-Card

möglich, an den dafür aufgestellten Kreditkartentelefonen Telefongespräche zu führen. Die Standorte dieser Telefone sind dort, wo eine hohe Menschenkonzentration mit internationalem Publikum zu verzeichnen ist. Die öffentlichen Kreditkartentelefone sind mit dem Symbol entsprechend *Abb. 7.4* gekennzeichnet.

Der Kunde wird akustisch über den Hörer und optisch über das Display zu richtigen Benutzerhandlungen geführt. Die Führung kann in drei Sprachen, und zwar in englisch, französisch und deutsch erfolgen. Sie ist mittels der Sprachenwahltaste wählbar.

Das Kreditkartentelefon, an dem übrigens *nur mit Kreditkarten* und nicht mit Telefonkarten oder TeleKarten telefoniert werden kann, erfüllt folgende Funtionen:

- Lesen und Auswerten der Kreditkartendaten (Zulässigkeitsprüfung, Kartennummerplausibilität, Abfrage der Sperrdatei)
- Displayanzeige mit Benutzerführung,
- Gebührenanzeige,
- akustische Benutzerführung über Hörer,
- Wahlwiederholung und Folgegespräche (Kurzeinhängen).

Folgende Displaymeldungen erfolgen am Kreditkartentelefon:

1. Karte einführen und entnehmen
2. Bitte warten, Kartenprüfung
3. Kartenfehler
4. Bitte wählen
5. Nur gebührenfreie Gespräche

7 Öffentliche Telefone

Abb. 7.4: Kennzeichen für das Kreditkartentelefon; Quelle Telekom

Welche Bedeutung die Kreditkartentelefone einmal weltweit erlangen werden, kann man allein schon an der bisher ausgegebenen Anzahl der Kreditkarten ermessen (Angaben in Millionen) [11]:

	Deutschland	Europa	Weltweit
Eurocard	2,6	23	165
American Express	0,9	5,4	36
DINERS	0,4	2,2	7,2
VISA	0,8	45	215
AIR PLUS	0,05	0,13	0,13
ec-Karte zum Vergleich	25	41,6	—

Die Gesprächseinheit beim Kreditkartentelefon kostet 30 Pfennig. Es ist jedoch zu beachten, daß für die Benutzung eine Mindestgebühr von 3,—DM erhoben wird, die allerdings mit den ersten 10 Gebühreneinheiten (auch bei Folgegesprächen) verrechnet wird.

8 Telefonieren über Funk

Als 1918 erstmals in Berlin in fahrenden Eisenbahnzügen ein Funktelefon erprobt wurde, ahnte wohl keiner den rasanten Aufstieg des mobilen Funktelefons 70 Jahre später. Weltweit hat heute das Telefonieren über Funk eine explosionsartige Entwicklung genommen. Und man darf schon staunen über eine Technik, die es einem ermöglicht, im fahrenden Auto zu sitzen und mit einem Gesprächspartner zu telefonieren.

Und wer mag einschätzen, welche Rolle gerade das Mobiltelefon in der wirtschaftlichen Startphase nach der Wiedervereinigung in den neuen Bundesländern gespielt hat? Nicht umsonst ist zum Beispiel die Zahl der Funktelefon- Anschlüsse am C-Netz gerade ab 1989/1990 spürbar in die Höhe geschnellt, wie es nachfolgende Aufstellung zeigt:

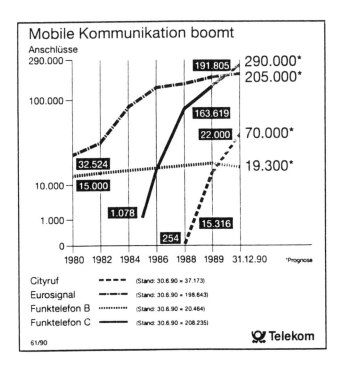

Abb. 8.1:
Große Akzeptanz der mobilen Funkdienste durch die Bundesbürger

8 Telefonieren über Funk

1985	1080	Anschlüsse am C-Netz
1986	23800	Anschlüsse am C-Netz
1987	48747	Anschlüsse am C-Netz
1988	98763	Anschlüsse am C-Netz
1989	163619	Anschlüsse am C-Netz
1990	273860	Anschlüsse am C-Netz in ganz Deutschland
Februar 1992	556361	Anschlüsse am C-Netz in ganz Deutschland

Aber auch die anderen Funkdienste, wie zum Beispiel Eurosignal oder City-Ruf, finden eine immer größere Akzeptanz, wie die Teilnehmerzahlen in *Abb. 8.1* zeigen.

8.1 Das Funktelefonnetz A

Das Funktelefonnetz A war von 1957 bis 1977 in Betrieb und wurde vom B-Netz abgelöst. Es arbeitete im Frequenzbereich von 156-174 MHz mit Frequenzmodulation und einem Kanalabstand von 50 kHz. Der große Nachteil bestand unter anderem in der Handvermittlung im Speicherprinzip der abgehenden und ankommenden Funkgespräche; das Netz war also nicht automatisiert. Die Funkteilnehmer wurden selektiv gerufen.

Im Jahre 1971 hatte das A-Netz aber immerhin schon über 10000 Teilnehmer und war auf über 130 Funkverkehrsbereiche mit über 300 Funksprechkanälen ausgebaut. Hohe Netzausbaukosten, teure Endgeräte, die Forderung nach Automatisierung waren die Gründe für die Einstellung dieses Netzes.

8.2 Das Funktelefonnetz B

Das B-Netz wurde ab 1972 aufgebaut und ist ja heute noch in Betrieb. Es arbeitet im Frequenzbereich von 146 bis 156 MHz mit einem Kanalabstand von 20 kHz. Es hat insgesamt 37 Sprechfunkkanäle und 150 Funkverkehrsbereiche. Die Funkfeststationen haben eine Sendeleistung von 20 Watt und besitzen einen Versorgungsradius von etwa 25 km.

Das B-Netz ist automatisiert; das heißt, der Verbindungsauf- und -abbau, die Vermittlung und die Gebührenabrechnung erfolgt automatisch. Der Teilnehmer wählt seinen Gesprächspartner selbst. Allerdings muß der Rufende wissen, in welchem

Funkverkehrsbereich sich der gerufene Teilnehmer gerade befindet bzw. bewegt. Er muß also wissen und wählen, die

- richtige Vorwahlnummer des Funkverkehrsbereiches,
- eine Verkehrsausscheidungskennziffer und die
- Rufnummer des Funkteilnehmers.

Ein automatisches „Weiterreichen" der Verbindung von einem Funkverkehrsbereich zu einem anderen findet beim B-Netz nicht statt.

Das B-Netz wurde voll kompatibel in den Ländern Deutschland, Österreich, Luxemberg und Niederlande aufgebaut. Die B-Netz-Teilnehmer können also grenzüberschreitend in diesen vier Ländern telefonieren.

8.3 Das Funktelefonnetz B/B2

Der Vollständigkeit wegen und auch wegen der Begriffsvielfalt muß auch etwas zum B/B2-Netz gesagt werden.

Als der Betrieb des A-Netzes eingestellt wurde, hat man 1982 die vom A-Netz genutzten Frequenzen zur Sicherung des Verkehrsbedarfes im B-Netz als Erweiterung zum B/B2-Netz verwendet. Die gemeinsame Nutzung der Frequenzen des A-Netzes und des B-Netzes ab 1982 ergab den Begriff des B/B2-Netzes. Und dieses Netz ist ja heute noch als B-Netz, so der allgemeine Sprachgebrauch, in Betrieb.

Seinen „Höhepunkt" verzeichnete das B-Netz 1986 mit über 27000 Teilnehmern. Seitdem ist die Teilnehmerzahl rückläufig. Die Telekom hat angekündigt, das B-Netz etwa 1992/93 außer Betrieb zu nehmen.

8.4 Das Funktelefonnetz C

Das Funktelefonnetz C wurde am 1. Mai 1986 offiziell in Betrieb genommen. Aufgrund der angebotenen guten Leistungsmerkmale war eine starke Nachfrage nach C-Netz-Funktelefonen zu verzeichnen. Das wiederum zwang zu einem beschleunigten Ausbau des C-Netzes und zur Zuschaltung weiterer Verkehrskanäle. Die Kapazität des Systems wurde deshalb auch von 100000 ursprünglich vorgesehenen Teilnehmern auf nunmehr über 500000 erweitert.

Das C-Netz arbeitet im Frequenzbereich von 451 - 455,74 MHz bzw. von 461 bis 456,74 MHz. Das Funktelefon C-Netz ist ein analoges System, d. h. die Sprache wird

8 Telefonieren über Funk

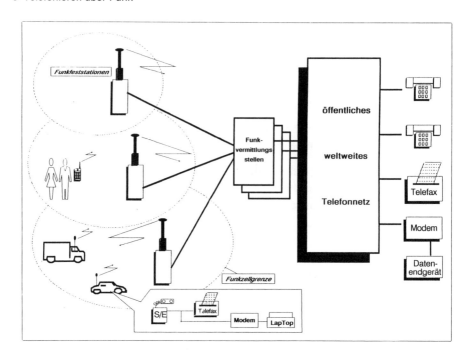

Abb. 8.2: Der C-Netzteilnehmer ist jederzeit vom öffentlichen weltweiten Telefonnetz aus erreichbar; Quelle: Telekom

analog übertragen. Der Duplexabstand zwischen den Empfangs- und Sendekanälen beträgt 10 MHz. Die Kanalbreite beträgt 20 kHz. Das C-Netz arbeitet z. Zt. mit 222 Frequenzkanälen. Mit Hilfe eines oder mehrerer Organisationskanäle wird mittels Datenübertragung mit 5,28 kbit/s der gesamte Funkverkehr gesteuert.

Abb. 8.2 symbolisiert die Anbindung der C-Netzteilnehmer an das weltweite Telefonnetz.

Das C-Netz bietet natürlich gegenüber den vorhergehenden Funktelefonnetzen wesentliche Vorteile, wie:

- automatisches Weiterreichen von Funkzelle zu Funkzelle ohne Gesprächsunterbrechung,
- einheitliche Zugangskennzahl 0161 in ganz Deutschland,
- Sprachverschleierung und damit deutlich erschwertes unbefugtes oder zufälliges Mithören von Gesprächen,
- Nutzung durch die C-Netz-TeleKarte und damit auch Nutzung anderer fremder Funktelefone mit eigener TeleKarte,

8.4 Das Funktelefonnetz C

- Anrufumleitung und
- Mobilbox.

Ein weiterer und auch entscheidender Vorteil ist eben die Tatsache, daß ein Anrufer nicht mehr wissen muß, wo sich der Anzurufende zur Zeit aufhält.

Das C-Netz bietet auch günstige Vorraussetzungen für

- die Telefaxübertragung,
- die Datenübertragung über Modem,
- den Zugang zum Datex-P-Netz,
- den Zugang zur Telebox und
- den Zugang zu Bildschirmtext.

Trotz des Starts im D1- und D2-Netz durch Telekom und Mannesmann wird die Aktualität des C-Netzes noch lange anhalten. In *Abb. 8.3* sind die Prognosen dargestellt.

Welchen enormen Zuwachs das C-Netz zur Zeit noch erfährt, verdeutlichen zum Beispiel die in *Abb. 8.4* angegebenen Zahlen über den monatlichen Teilnehmerzuwachs innerhalb eines Jahres; hier vom März 1991 bis Februar 1992

Den monatlichen Teilnehmerzuwachs in Deutschland, hier vom Februar 1991 bis Januar 1992 zeigt *Abb. 8.5*.

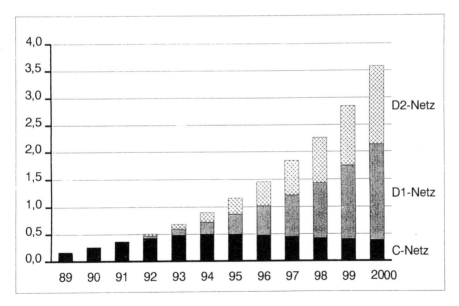

Abb. 8.3: Prognose zur Entwicklung des Funktelefonnetzes C sowie der ab 1991/1992 konkurrierenden digitalen Netze D1 und D2 der Telekom und Mannesmann-Mobilfunk; Quelle: Telekom

8 Telefonieren über Funk

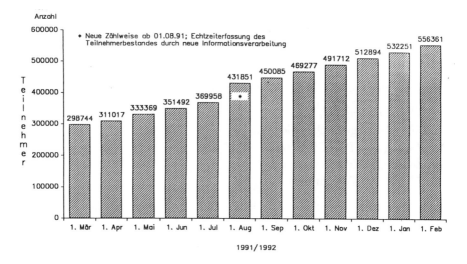

Abb. 8.4: Die monatlichen Teilnehmerzahlen eines Jahres (hier vom März 1991 bis Februar 1992) im C-Netz; Quelle: DBP Telekom

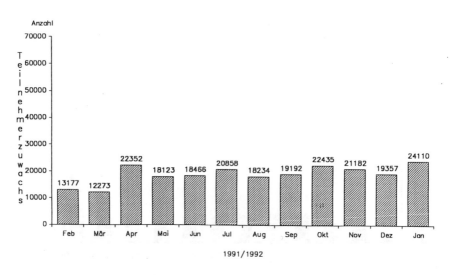

Abb. 8.5: Monatlicher Teilnehmerzuwachs im Funktelefondienst C im Zeitraum vom Februar 1991 bis Januar 1992

8.4 Das Funktelefonnetz C

C-Netz (Stand 31.12.91)
DT Erfurt

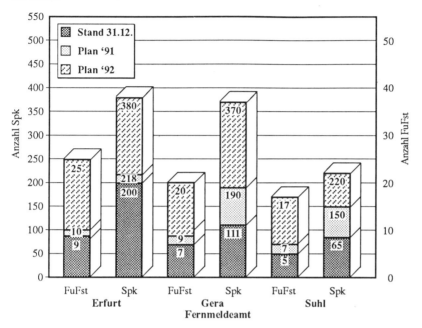

DT Leipzig

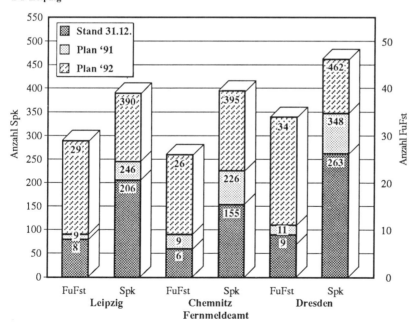

8 Telefonieren über Funk

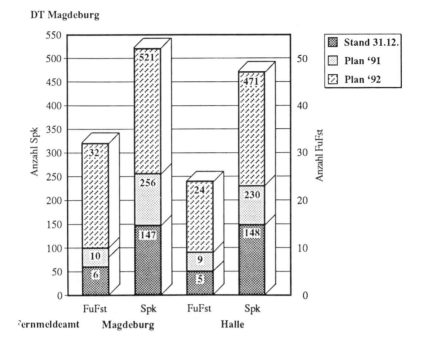

Abb. 8.6: Anzahl der Sprechkanäle und Anzahl der Funkfeststationen in den neuen Bundesländern Thüringen, Sachsen und Sachsen-Anhalt mit Stand vom 31.12.1991; Quelle: Telekom

Die rasante Entwicklung des C-Netz-Ausbaues in den neuen Bundesländern sie am Beispiel der Länder Thüringen, Sachsen und Sachsen-Anhalt in *Abb. 8.6* dargestellt.

8.4.1 Tecknik im C-Netz

Das C-Netz ist ein aus Funkzellen gebildetes zellulares Netz. Bestehende Gesprächsverbindungen zwischen Teilnehmern des C-Netzes werden beim Wechsel von einer Zelle in eine andere Zelle ohne Unterbrechung weitergereicht; man nennt diesen Vorgang „*hand over*". Das C-Netz hat die einheitliche Zugangskennziffer 0161, über die jeder Teilnehmer unabhängig von seinem aktuellen Standort anwählbar ist. Die Teilnehmerrufnummer selbst ist 7-stellig. Die Möglichkeit des automatischen und zwar landesweiten Auffindens des Teilnehmers nennt man „*Roaming*" [12].

Das Umschaltemerkmal für das Weiterreichen in eine andere Funkzelle ist die unterschiedliche Laufzeit zwischen der Mobilstation zu zwei benachbarten Funkfeststationen. Der Aufbau des Kleinzellennetzes bringt eine Kapazitätserweiterung an Sprech-

8.4 Das Funktelefonnetz C

kanälen mit sich. Pro Zelle sind etwa 40 Kanäle nutzbar. Die Frequenz-Wiederholabstände *(Abb. 8.7)* werden bei Kleinzellen gegenüber den Großzellen natürlich immer geringer, was einer Erhöhung der Sprechkanäle entspricht. Im Endausbau werden in Deutschland ca. 1800 Funkfeststationen mit 18000 Funkkanälen für ca. 600000 Mobilfunkteilnehmer zur Verfügung stehen.

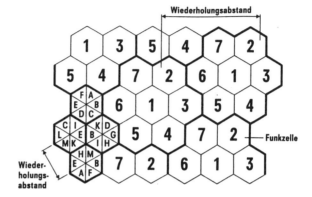

Abb. 8.7:
Das Kleinzellen- C-Netz
mit Angabe des Wiederholabstandes; nach [13]

Das C-Netz besteht aus drei über Schnittstellen verknüpfte Netzelemente *(Abb. 8.8)*, und zwar

- die Funktelefongeräte,
- die Funkfeststationen,
- und die Funkvermittlungsstellen.

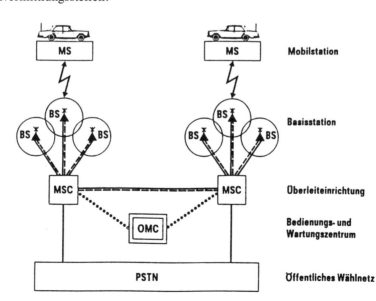

Abb. 8.8:
Die drei Netzelemente des
C-Netzes
(nach [13])

99

8 Telefonieren über Funk

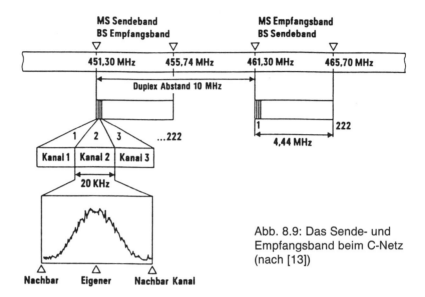

Abb. 8.9: Das Sende- und Empfangsband beim C-Netz (nach [13])

Zwischen den mobilen Stationen und den Funkfeststationen wird das Signal im Frequenzbereich von 450-455,74 MHz und 460 - 465,74 MHz *(Abb. 8.9)* in Phasenmodulation mit einem maximalen Frequenzhub von 4 kHz analog übertragen. Auf dem Organisationskanal werden die Daten digital als binär codierte Frequenzmodulation mit einer Bitrate von 5,28 kBit/s bei einem Frequenzhub von +/-2,5 kHz übertragen.

Zwischen den Funkfeststationen und den Funkvermittlungsstellen sind 4-Drahtleitungen fest geschaltet. Weiterhin sind die Funkvermittlungsstellen gleichfalls mit 4-Drahtleitungen vermascht. Das C-Netz besitzt ein zweistufiges Dateiensystem; in der Funkvermittlungsstelle ist die Heimatdatei und die Fremddatei eingerichtet, in den Funkfeststationen exestiert eine Aktivdatei.

Der Verbindungsaufbau geschieht nun folgendermaßen: mit der Wahl der Zugangsnummer 0161 wird man als ortsfester „Drahtteilnehmer" von einer zentralen Vermittlungsstelle mit der örtlichen Funkvermittlungsstelle verbunden. Diese ermittelt nach Wahl der Teilnehmerrufnummer mittels der Daten der eigenen Heimat- und Fremddatei und der Aktivdatei der Funkfeststation der Position des gewünschten Mobilteilnehmers.

Danach erfolgt über den Organisationskanal die Gesprächsvorbereitung mit anschließender Zuschaltung eines freien Sprechkanals und das Herstellen der Verbindung über die Funkvermittlungsstelle. Sind alle Sprechkanäle belegt, erfolgt das Einreihen in die Warteschlange. Ist der Teilnehmer besetzt oder nicht anwesend oder hat das Funktelefon nicht eingeschaltet, erfolgt der entsprechende Hinweis auf dem Display.

8.4 Das Funktelefonnetz C

Die Anrufumleitung und die Mobilbox im C-Netz sind wichtige Leistungsmerkmale dieses Dienstes. Untersuchungen der Telekom haben ergeben, daß eigentlich nur jeder dritte Anruf erfolgreich ist, da z. B. der Teilnehmer nicht ständig über sein Funktelefon erreichbar ist bzw. sich nicht ständig in der Nähe seines Funktelefons aufhält. Die Telekom bietet deshalb folgende Leistungen zur effektiveren Nutzung des C-Netzes an:

Die Anrufumleitung:

Der Besitzer eines Funktelefons hat die Möglichkeit, Anrufe, die an seinen Funktelefonanschluß gerichtet sind, zu jeden beliebigen Telefonanschluß oder auf einen persönlichen Sprachspeicher („Mobilbox") umzuleiten *(Abb. 8.10)*. Dazu wird am Mobiltelefon mit einem Code die Aktivierung vorgenommen und die Zielrufnummer eingegeben. Die Aktivierung ist stets an die TeleKarte gebunden. Damit ist auch die Aktivierung der Rufumleitung von einem fremden Funktelefon aus möglich.

Die Umleitung des Anrufes zur Mobilbox erfolgt dann, wenn das Funktelefon besetzt ist, nicht eingebucht ist oder der Angerufene sich nicht meldet.

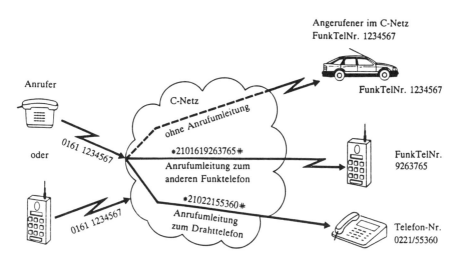

Abb. 8.10: Die Rufumleitung im C-Netz (nach [13])

Die Mobilbox:

Die Mobilbox oder Sprachspeicherbox gestattet die Speicherung von Nachrichten in einem persönlichen Box-Fach. Diese Leistung kann ausschließlich von C-Netzteilnehmern in Anspruch genommen werden. Die Mobilbox kann von jedem festen Telefonanschluß oder von jedem Funktelefon angewählt werden. Sie dient in erster Linie

8 Telefonieren über Funk

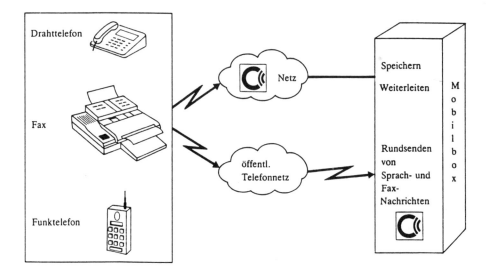

Abb. 8.11: Mobilbox-Zugänge (nach [13])

zur Speicherung ankommender Gespräche. Ruft ein Teilnehmer die Rufnummer des auf Rufumleitung geschalteten Mobiltelefons, so wird er nach einem Begrüßungstext aufgefordert, seine Informationen in das Boxfach zu sprechen. Diese Nachricht bleibt 30 Tage lang gespeichert und kann jederzeit über ein Paßwort abgefragt werden.

Über City-Ruf oder Eurosignal kann sich der C-Netz-Teilnehmer sofort über den Eingang einer Nachricht informieren.

Außer dem Speichern von Nachrichten von anrufenden Teilnehmern kann die Mobilbox durch den Boxinhaber zusätzlich zur Übermittlung von Informationen an andere Fernsprechteilnehmer oder andere Mobilboxinhaber genutzt werden. Dabei kann der „Sendetermin" bis zu einem Jahr im voraus festgelegt werden.

Die Mobilbox speichert nicht nur Sprache, sondern auch Telefax-Nachrichten. Sie ist also auch ein Faxspeicher *(Abb. 8.11)*. Auch die Telefax-Informationen können an andere Faxteilnehmer über die Mobilbox verteilt werden.

8.5 Das Funktelefonnetz D

Das D-Netz ist ein digitales Funktelefonnetz. 27 Netzbetreiber in 18 europäischen Ländern haben sich auf eine gemeinsame Norm, auf einen gemeinsamen Standard,

8.5 Das Funktelefonnetz C

den GSM-Standard (GSM: Groupe speciale mobile) geeinigt. Damit ist gewährleistet, daß ein D-Netz-Teilnehmer in ganz Europa telefonieren kann. Der Nachteil des C-Netzes ist damit beseitigt.

Da der Bundesminister für Post- und Telekommunikation 1989 eine Lizenz an die Mannesmann-Mobilfunk als privaten Netzbetreiber vergeben hat, werden in Deutschland zwei Netze, das D1-Netz (Betreiber: Telekom) und das D2-Netz (Betreiber Mannesmann) aufgebaut. Der Start des D1-Netzes erfolgte 1991.

Die GSM-Norm sieht für das D-Netz die Frequenzbereiche von 890 bis 915 MHz und 935 bis 960 MHz mit einem Duplexabstand von 45 MHz vor. Mit dem D-Netz ist der Zugang zum ISDN gegeben. Damit ist neben der ausgezeichneten Sprachqualität die Möglichkeit der Datenübertragung und der Übertragung anderer Dienste (Telematik) möglich.

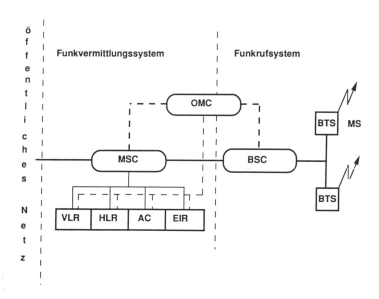

Es bedeuten: AC: Authentication Center
BSC: Base Station Controller
BTS: Base Transceiver Station
EIR: Equipment Idendity Redister
HLR: Home Location Register
MS: Mobile Station
MSC: Mobile Service Switsching Center
OMC: Operation and Maintenance Center
PSTN: Public Switched Telephone Network
VLR: Visitor Location Register

Abb. 8.12: Blockdarstellung des D-Netzes

8 Telefonieren über Funk

Das D-Netz setzt sich aus folgenden *Netzelementen* zusammen:

- *dem Mobilfunkgerät* oder die mobile Station (*MS*)
- *der Funkfeststation*, beim D-Netz Basisstation (*BS*) genannt, mit folgender Unterteilung:
  — Base Transceiver Station (*BTS*); dem Funkteil für Senden und Empfangen und
  — Base Station Controller (*BSC*); dem Steuerteil für die Basisstation
- *der Funkvermittlung* (Mobile Service Switching Center, *MSC*) mit den Baugruppen:
  — Besucherdatei (Visitor Location Register; *VLR*),
  — Heimatdatei (Home Location Register; *HLR*)
  — Authentikationszentrale (Authentication Center *AC*)
  — Endgeräte-Kennungsdatei (Equipment Identity Register; *EIR*)

Eine zentrale Einheit (Operation and Maintenance Center; *OMC*) ist mit Steuerfunktionen für die vermittlungstechnische und funktechnische Seite ausgerüstet *(Abb. 8.12)*

Durch die einheitliche europäische GSM-Norm ist das Roaming über ganz Europa möglich. Jeder GSM-Teilnehmer wird automatisch nach dem Einschalten seines Mobiltelefons erfaßt und erkannt. Der derzeitige Aufenthaltsort des Teilnehmers ist in der Heimatdatei gespeichert. Der D-Netzteilnehmer kann an beliebigen Aufenthaltsorten in Europa Gespräche führen oder Gespräche entgegennehmen, ohne daß die Gesprächspartner seinen derzeitigen erkennen können.

Neben den technischen Möglichkeiten, nunmehr in ganz Europa mobil zu telefonieren, ist auch die rechtliche Seite der gemeinsamen Typzulassung der Mobilstationen geregelt. Es ist sichergestellt, daß die Mobilstationen ungehindert, d. h. ohne die bisherige Versiegelung der Geräte, über die Ländergrenzen hinweg mitgeführt werden dürfen.

Die Mobilstationen werden wie beim C-Netz

- als Autotelefone,
- als Handtelefone (handheld) und
- als tragbare Telefone, also als portable,
  angeboten.

Neben dem Telefondienst, der Datenübertragung und der Telematik bietet der GSM-Standard eine Reihe von Zusatzdiensten an, wie

- Gebührenanzeige,
- Rufnummernanzeige mit verschiedenen Varianten,
- Dreiergespräch,
- Warteschlange für Anrufe,

- Konferenzgespräch,
- geschlossene Benutzergruppe,
- gebührenfreier Anruf,
- Gebührenübernahme und
- Sperren in beiden Richtungen.

Mittels der „Smart Card" bzw. „Chip-Card" ist die Identität des Teilnehmers prüfbar. Die Karte ist mit einem Mikroprozessor und Speicher bestückt. Durch die persönliche Geheimzahl (PIN = Personal Identification Number) ist ein Schutz gegen den Mißbrauch der Karte gegeben. Weitere interessante Sicherheitsvorkehrungen sind einmal die digitale Verschlüsselung gegen das Mithören aller in GSM angebotenen Dienste und zum anderen die elektronische Kennummer des Mobiltelefons, über die letzlich durch die Betriebszentrale z. B. gestohlene Geräte lokalisiert werden können [15].

Wie die Entwicklung in den attraktiven Funktelefonnetzen C, D1 und D2 bis zum Jahr 2000 sich vollziehen wird, zeigt die Teilnehmerprognose in *Abb. 8.13*.

8.6 PCN

Über den Begriff Personal Communications Networks (PCN) wurde in der jüngeren Vergangenheit viel gesprochen und geschrieben. Es ist ein Mobilfunksystem im 1800 MHz- Bereich und soll Anwendungsbedürfnisse befriedigen, die die heutigen Mobil-

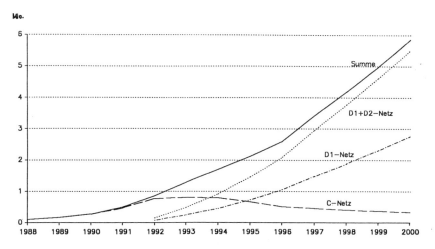

Abb. 8.13: Teilnehmerprognose der Funktelefondienste bis zum Jahr 2000;
Quelle: Telekom

funkdienste noch nicht oder nur unbefriedigend realisieren können. Dazu gehört insbesondere

- die universelle Erreichbarkeit jedes Teilnehmers,
- die universelle Kommunikationsmöglichkeit

    an jedem Ort,
    zu jeder Zeit,
    und zu jedermann.

Das heißt, es ist eine Kommunikation aufzubauen von *Person zu Person* und nicht wie bisher von Endgerät zu Endgerät oder von Person zum Endgerät. Aber im Grunde ist es ein digitales, ebenfalls zellulares Mobilfunksystem im 1800-MHz-Bereich, das auf der Grundlage des GMS-Standards als DCS-1800-System entwickelt wird. Dieser DSC-1800-Standard ist freigegeben (DSC = Digital Cellular System). Schwerpunkt bei der Einführung des PCN wird die Entwicklung und Herstellung der dafür notwendigen mobilen Handgeräte mit einem Gewicht von nur etwa 150g sein. Die echte Kommunikation von Person zu Person kann nur stattfinden wenn die Teilnehmer das Gerät letztlich tatsächlich und ständig in der Jackentasche bei sich führen; und das ist eben eine Sache des Gewichtes.

8.7 Mobilfunktelefone

Nachfolgend werden einige Modelle von Mobilfunktelefonen beschrieben:

Das *Handy C9* ist ein Handtelefon für das C-Netz *(Abb. 8.14)*. Es ist für all die geeignet, die auch außerhalb des Autos erreichbar sein müssen. Mit seinem Gewicht von nur 700 Gramm einschließlich des Akkus läßt es sich leicht in der Aktentasche transportieren.

Das Handy C9 eignet sich besonders für den Einsatz in den Ballungszentren, wo von einer ausreichenden C-Netz-Funkversorgung ausgegangen werden kann. Die Sendeleistung des Gerätes ist in fünf Stufen zwischen 0,05 bis 0,75 Watt einstellbar. Bei voller Sendeleistung ermöglicht der eingebaute Akku eine Sprechzeit von ca. einer halben Stunde und eine Empfangsbereitschaft von acht Stunden je Ladung. Die Leistungsmerkmale sind beachtlich, so werden geboten:

- ein alphanumerisches Display zur Benutzerführung,
- die Anzeige der eingegebenen Rufnummer,
- ein permanenter Speicher für 99 Rufnummern und Namen zur bequemen Kurzwahl.

8.7 Mobilfunktelefone

Das *tragbare C-Netz-Telefon "PorTel" C7* ist ein überall einsatzbares Gerät mit größerer Sendeleistung. Also auch einsetzbar in Gebieten mit schwächerer Funkversorgung *(Abb. 8.15)*.

Über die Bedientastatur ist die Sendeleistung von 2,5 auf 15 Watt umschaltbar. Das Gerät wiegt etwa vier Kilogramm einschließlich Akku. Die üblichen Leistungsmerkmale sind vorhanden.

Abb. 8.14: Das Mobiltelefon „Handy C9" von Bosch

8 Telefonieren über Funk

Abb. 8.15: Mobiltelefon PorTel C7 von Bosch

Ein weiteres Portable, das *Mobiltelefon Telecar CD 452* zeigt *Abb. 8.16*.

Dieses Gerät stellt eine Art neue Mobilfunkgeneration dar. Wie die Buchstaben C und D im Vertriebsnamen schon andeuten, ist dieses Gerät auch für das D-Netz durch Austausch des Sende- und Empfangsteiles umrüstbar. Das Umrüsten zu einem vom Kunden gewünschten Zeitpunkt wird ca. 50 Prozent günstiger sein als der Kauf eines neuen D-Netz-Gerätes. Es wird in zwei Varianten angeboten, einmal als Telecar CD 449 in der Fahrzeugversion und eben als Telecar CD 452, das auch als Portable nutzbar ist.

Zur Austattung dieser Modelle gehört auch eine integrierte Freisprecheinrichtung, welche die Lautsprecher des Autoradios nutzt. Das Telecar CD 452 vefügt weiterhin über eine Vorrichtung, die sogenannte Automatic Volume Control (AVC), die die Hörlautstärke der Freihörsprecheinrichtung den Fahrgeräuschen anpaßt.

8.7 Mobilfunktelefone

Möglich ist auch die Ausrüstung mit einem Sprachcomputer. Wenn der Benutzer telefonieren will, sagt er ihm einfach, mit wem er sprechen will. Das Autotelefon „versteht" ihn. Es antwortet, nennt zur Bestätigung den Namen und zeigt die Telefonnummer des Gesprächspartners im Display an. Mit einem Knopfdruck wählt das Gerät dann diese Nummer. Der Sprachcomputer besteht aus einem integrierten digitalen Anrufbeantworter und der Voice Controlled Memory (VCM). Diese sprachgesteuerte Automatik sucht per Zuruf die Rufnummer des gewünschten Teilnehmers aus einem Speicher aus.

Im Sprachcomputer ist die individuelle Stimme des Nutzers eingespeichert; deshalb kann er auch nur ihn „verstehen". Das erhöht die Sicherheit gegen Mißbrauch des Ge-

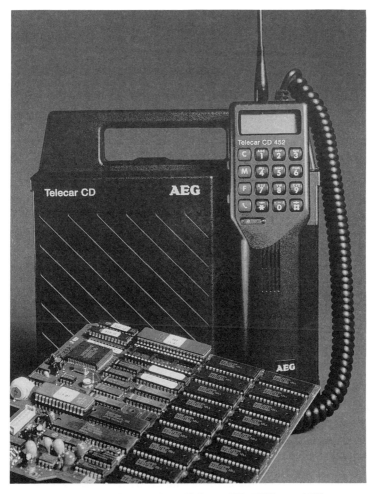

Abb. 8.16: Mobiltelefon „Telecar CD 452" von AEG

8 Telefonieren über Funk

Abb. 8.17:
Das Autotelefon „CarTel C10" von Bosch

rätes. Der digitale Anrufbeantworter hat eine Aufnahmekapazität von 180 Sekunden und ermöglicht damit 12 Einzelaufnahmen von je 15 Sekunden Länge. Durch die Mithörfunktion hat der Nutzer die Freiheit, ein ankommendes Gespräch entgegenzunehmen oder den Anrufbeantworter reagieren zu lassen.

Abb. 8.17 zeigt das Mobiltelefon *CarTel C10*. Diese Modelle sind für den Einbau in Kraftfahrzeuge vorgesehen. Freisprechautomatik, Anrufbeantworter, Autoradio-Stummschaltung, Kurzwahlspeicher für bis zu 99 Rufnummern und Namen sind einige der Leistungsmerkmale dieser Geräte.

Den Bedienhörer des *Mobiltelefons C3* von Siemens mit dem Anzeigefeld und den Bedientasten zeigt *Abb. 8.18*. Gleichzeitig sind die Symbole des Display und die Bedeutung der Leuchtdioden des C3 mit dargestellt.

8.7 Mobilfunktelefone

Das Mobiltelefon C3 von Siemens und auch das in *Abb. 8.19* abgebildete Mobiltelefon *Quickphone C11* von Bosch sind Geräte, die sowohl im Auto als auch außerhalb als Portable betrieben werden können. Der unkomplizierte Anschluß an den Zigarettenanzünder zur 12-Volt-Stromversorgung gestattet eine schnelle Mitnahme des Gerätes, wenn man den Wagen verläßt.

Das Mobiltelefon *CarTel M* ist ein Gerät speziell für das *D-Netz*.

Es besitzt eine Sendeleistung von 20 Watt und ist deshalb auch dort noch einsetzbar, wo die Empfangsbedingungen schon ungünstig sind *(Abb. 8.20)*. Es ist zum Festeinbau in Kraftfahrzeugen entwickelt worden.

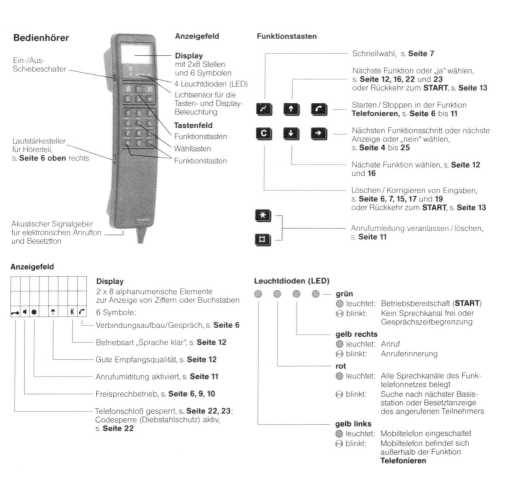

Abb. 8.18: Bedienhörer des Autotelefons „C 3" von Siemens

8 Telefonieren über Funk

Abb. 8.19:
Das Autotelefon
„Quickphone C11"
von Bosch

Das CarTel M setzt sich aus den Komponenten

- Sende- und Empfangsgerät einschließlich Kartenleser,
- Handgerät mit Auflage und, wenn gewünscht, zusätzlichem Kartenleser,
- externer Lautsprecher und Mikrofon für das Freisprechen
- sowie der Halterung und dem Kabelsatz.

Von der Telekom wird angeboten das bekannte Handtelefon *Pocky*; ein leichtes, nur 700 Gramm wiegendes Gerät für das C-Netz. Auch für das *D-Netz* bietet die Telekom schon Geräte an: zum Beispiel die Modelle *Portable 314*, *Portable 324* und *Portable 334*. Es sind Geräte mit einer Sendeleistung von 8 Watt und unterschiedlichen Leistungsmerkmalen.

8.7 Mobilfunktelefone

Abb. 8.20:
Das Mobiltelefon
„CarTel M" von
Bosch für das D-Netz

Für das D2-Netz werden von Mannesmann-Mobilfunk schon folgende Geräte angeboten:

- das Einbautelefon D2 CAR 2031,
- das tragbare Mobiltelefon D2 Combi 3011 und
- das tragbare Mobiltelefon D2 Combi 3021 *(Abb. 8.21a-c)*

8 Telefonieren über Funk

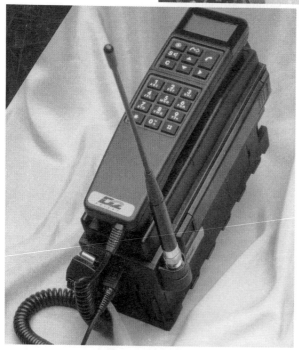

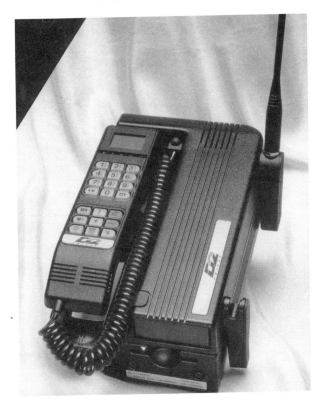

Abb. 8.21: Mobiltelefone von Mannesmann für das D2-Netz

8.8 Funkversorgungsgebiete des Mobilfunks in Deutschland

Die Versorgungsbereiche

des C-Netzes,

des D1-Netzes und

des D2-Netzes

sind in den *Abb. 8.22* bis *8.24* dargestellt. Dabei ist zu beachten, daß sich die Situation der Funkversorgung monatlich ändert. Das betrifft insbesondere die Entwicklung in den neuen Bundesländern.

8 Telefonieren über Funk

Ausbau und Planung des Funktelefonnetzes C

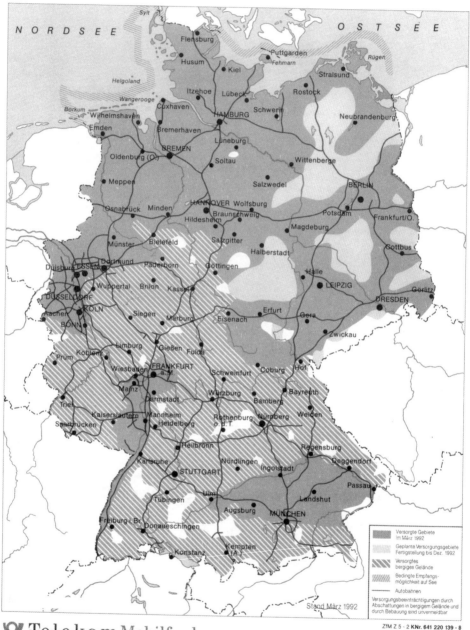

Abb. 8.22: Versorgungsgebiete C-Netz in Deutschland

8.8 Funkversorgungsgebiete des Mobilfunks in Deutschland

Ausbau und Planung des Funktelefonnetzes D1

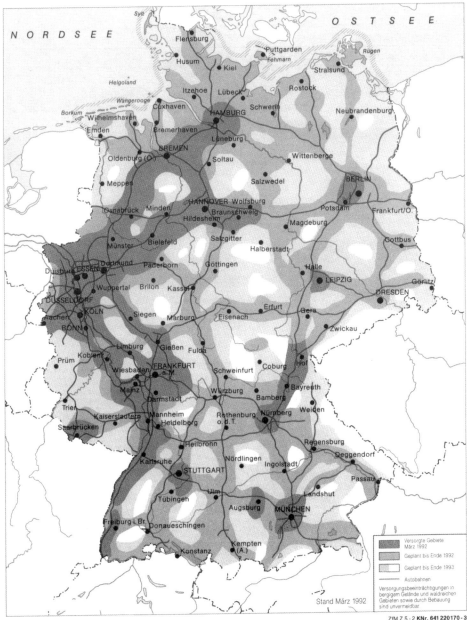

Abb. 8.23: Versorgungsgebiete D1-Netz in Deutschland

8 Telefonieren über Funk

Versorgungsbereich

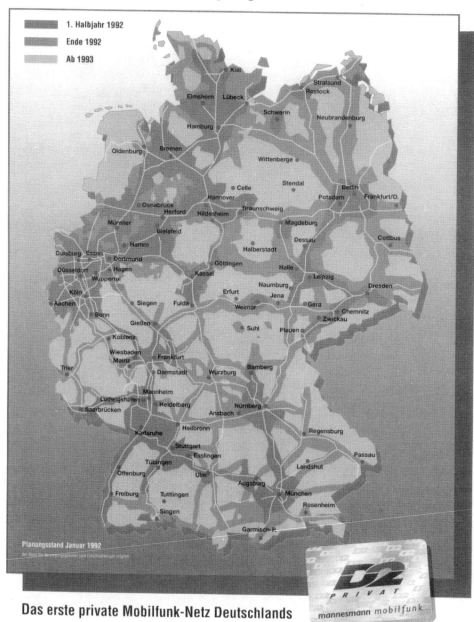

Das erste private Mobilfunk-Netz Deutschlands

Abb. 8.24: Versorgungsgebiete D2-Netz in Deutschland

8.9 Drahtlose Anschlußleitungen DAL

Eine interessante Idee, die Technik des Mobilfunks und Bündelfunks für die Anbindung von Teilnehmern an das Festtelefonnetz zu nutzen, wurde auf Grund der außergewöhnlich unzureichenden Versorgungssituation mit Fernsprechanschlüssen in den neuen Bundesländern geboren. Es ist Tatsache, daß trotz der enormen Investitionsmittel von 55 Milliarden DM, die von der Telekom bis 1997 für den Aufbau eines modernen Fernmeldenetzes in den fünf neuen Bundesländern bereitgestellt werden, der Bedarf an Fernsprechanschlüssen kurzfristig nicht gedeckt werden kann.

Mit dem Projekt DAL sollen nunmehr insbesondere Geschäftskunden, und dabei die in linientechnisch unversorgten Gewerbegebieten, mit Telefonanschlüssen versorgt werden. Es handelt sich dabei um eine Größenordnung von ca. 53 500 Anschlüssen.

Der Grundgedanke besteht darin,

- die Telefonanschlußleitungen durch Funkstrecken zu ersetzen,
- es sollen gleiche Teilnehmerbedingungen wie im Festnetz vorliegen,
- es sollen die Grunddiensteangebote wie Telefon, Telefax und Datenübertragung über Modem bereitgestellt werden,
- die heute am Markt verfügbaren Mobilfunktechnologien sind vorzusehen.

Zum Einsatz kommen zwei Systeme:

- der DAL-Anschluß auf Bündelfunk-Basis und
- der DAL-Anschluß auf Zellular-Basis.

Den Zuschlag für die erste Variante erhielten die Firmen Telkon (Belgien) und das Funkwerk Köpenick (Berlin). Die zweite Variante wurde vergeben an die Firmen Nokia und Ericsson. Die *Abb. 8.25* und *8.26* zeigen die beiden DAL-Anschlußsysteme [16].

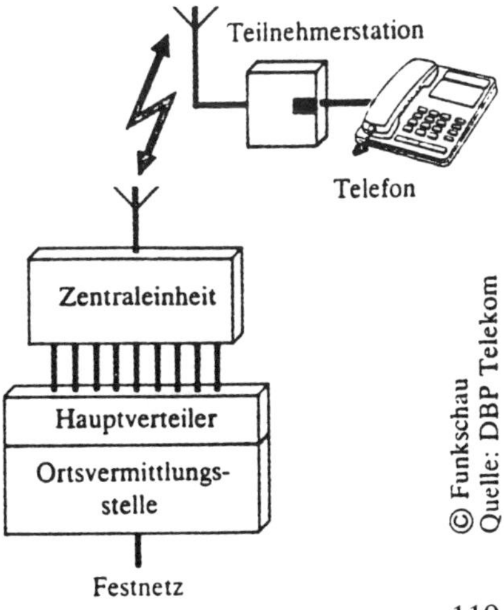

Abb. 8.25: DAL-Anschluß in bündelfunk-ähnlicher Technik

DAL-Anschluß auf Zellular-Basis

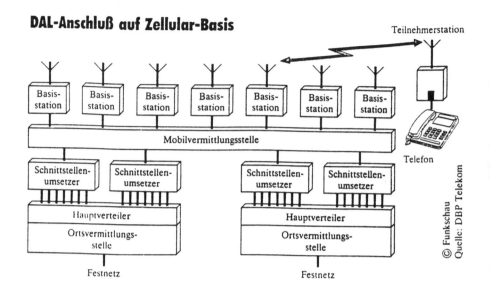

Abb. 8.26: DAL-Anschluß auf Zellularbasis

Mit der Bereitstellung eines DAL-Anschlusses wird der Kunde an das öffentliche Telefonnetz angeschlossen. Es wird die Zeit bis zur Herstellung des Drahtanschlusses überbrückt. Einige Besonderheiten sind jedoch zu beachten:

- die 16-kHz-Impulse können nicht übertragen werden, d. h. zum Beispiel, eine Anzeige der Gebühreneinheiten ist nicht möglich;
- da keine Münzer-Zählimpulse übertragen werden, ist in diesem Gebiet das Aufstellen von Münzern nicht möglich;
- die Speisung des DAL-Telefons erfolgt aus dem öffentlichen Energienetz, somit ist bei Spannungsausfall kein Betrieb möglich;
- es wird nur eine TAE mit Anschlußmöglichkeiten für zwei Zusatzgeräte geliefert. Weitere Geräte können nicht angeschlossen werden.

Die technischen Daten der DAL-Systeme sind:

Bündelfunk-ähnliche Systeme:

- Frequenzbereich: 400 bis 500 MHz mit 1-MHz-Segmenten,
- Maximal mögliche Teilnehmerzahl je System: ca. 180,
- Duplex-Abstand: 5 MHz,
- Kanalrasterabstand: 12,5 oder 20 kHz,
- Modulationsart: PM oder FM,
- maximale Reichweite: 8 - 10 km

Mobilfunk-ähnliche Systeme:

- Frequenzbereich: 812 bis 818 MHz, 824 bis 828 MHz, 857 bis 863 MHz, 869 bis 873 MHz,
- maximal mögliche Teilnehmerzahl je System: über 10000,
- Duplex-Abstand: 45 MHz,
- Kanalrasterabstand: 12,5 oder 25 kHz,
- Übertragungsstandard: NMT 900.

9 Funkruf oder Paging

Funkruf- oder Pagingdienste dienen der einseitigen Übermittlung von Informationen an Personen. Daher auch der Begriff Paging aus dem englichen nach to page = jemanden ausrufen. Es handelt sich bis auf Ausnahmen also um Personenrufanlagen; d. h. die Rufempfänger werden am Körper mitgeführt. Funkrufdienste sind somit für solche Berufsgruppen interessant, die über das drahtgebundene oder mobile Telefon nicht schnell genug für bestimmte Einsatzfälle erreichbar sind. Die Funkrufempfänger zeigen die ankommende Information optisch durch Lampen oder auf einem Display und durch Töne akustisch an.

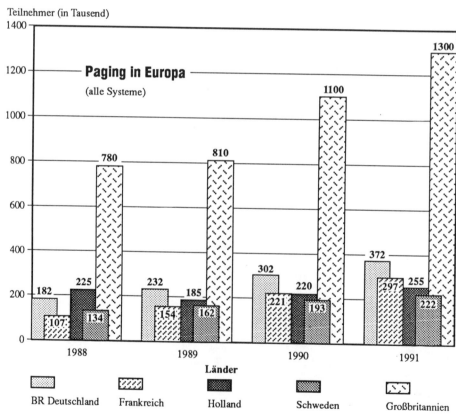

Abb. 9.1: Teilnehmerzahlen bei öffentlichen Pagingsystemen in einigen europäischen Ländern

Es sind private Funkrufsysteme für zugelassene Benutzergruppen (Polizei, Krankenhauspersonal, Feuerwehr usw.) und öffentliche Funkrufsysteme wie Cityruf und Eurosignal in Betrieb.

Die Akzeptanz des öffentlichen Pagingdienstes in Europa ist groß, aber in den einzelnen Ländern unterschiedlich *(Abb. 9.1)*.

9.1 Cityruf

Cityruf ist ein öffentlicher Funkrufdienst, der kurze Informationen dem Funkrufempfänger zukommen läßt. Dabei können diese Informationen sowohl durch das Telefon als auch über die Telefax-, Teletext- oder Btx-Endgeräte eingegeben werden.

Cityruf beinhaltet drei Rufklassen:

Rufklasse 0:
Nur-Ton mit 4 Funkrufnummern; d. h. der Empfänger meldet bis zu vier optisch und akustisch unterscheidbare Töne bzw. Informationen. Die Eingabe erfolgt über das Telefon.

Rufklasse 1:
Numerik mit bis zu 15 Ziffern oder Sonderzeichen. Diese 15 Ziffern können nur mit einem Telefon mit Mehrfrequenzverfahren (MFV) eingegeben werden. Ansonsten ist ein MFV-Geber als Zusatzgerät zu benutzen. Weiterhin kann die Eingabe über Btx-Terminals oder PC mit Modem oder Btx-Decoder erfolgen.

Rufklasse 2:
Alphanumerik mit Text bis zu 80 Zeichen. Hier kann das Telefon wegen der fehlenden alphanumerischen Tastatur nicht als Eingabegerät verwendet werden. Bei dieser Rufklasse können Btx- , Teletex- oder Telexgeräte eingesetzt werden.

Die Zugänge für den Cityruf sind bundesweit einheitlich, hängen aber von der Rufklasse und dem verwendeten Eingabegerät ab *(Abb. 9.2)*.

Rufklasse	Telefon		Btx-Terminal	
	Rufnummer	Zusatzgerät	Seiten-Nr.	Zusatzgerät
Nur-Ton	01 64	nicht erforderlich	* 1691 #	Multitel, PC mit Btx-Karte
Numerik	01 68	MFV-Geber, FeAP 01 LX, Dallas LX	* 1691 #	Multitel, PC mit Btx-Karte
Alphanumerik	01 691	PC mit Modem	* 1691 #	Multitel, PC mit Btx-Karte

Abb. 9.2: Zugänge für Cityruf entsprechend der Eingabegeräte und der Rufklasse [13].

9 Funkruf oder Paging

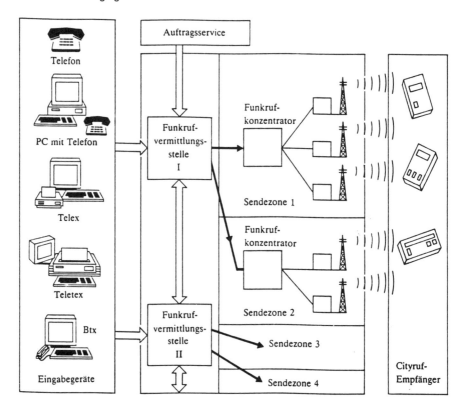

Abb. 9.3: Schematische Darstellung der Cityruf-Netzstruktur (nach [13])

Das Netz des Cityrufes besteht aus den drei Elementen

- Funkrufvermittlungsstelle,
- Funkrufkonzentrator und
- Funkrufsender *(Abb. 9.3)*

und gliedert sich landesweit in etwa 50 Rufzonen, in denen jeweils ein Funkruf ausgesendet und empfangen werden kann. Die Funkrufvermittlungsstellen und die Funkrufkonzentratoren sowie die Funkrufkonzentratoren und die Funkrufsender sind über Verbindungsleitungen vierdrähtig miteinander verbunden. Über diese Leitungen erfolgt unter anderem das Absichern des Gleichwellenbetriebes der Funkrufsender.

In jeder Rufzone werden mehrere Funkrufsender mit einer Leistung von 100 Watt im 460 MHz Bereich (drei Ruffrequenzen) als Gleichwellensender betrieben.

9.1 Cityruf

Die *Abb. 9.4* und *9.5* zeigen moderne Cityrufempfänger von Bosch. In Abb. 9.4 ist links der Tonrufempfänger CR 450 abgebildet. Er meldet durch rhythmisch unter-

Abb. 9.4:
Die Cityrufempfänger CR 450, CR 452, CR 453 und CR 454 von Bosch

Abb. 9.5:
Der Cityrufempfänger Cityfon 110 von ANT

125

9 Funkruf oder Paging

schiedliche Akustiksignale, daß zum Beispiel das Büro, der Geschäftspartner oder die Ehefrau zurückgerufen werden möchten. Das ist also ein Gerät für die Rufklasse 0, d. h. nur Ton. Das Gerät im Vordergrund ist der CR 452 (Akkubetrieb) und das Gerät rechts ist der CR 453 (Batteriebetrieb). Beide Geräte sind Numerik-Empfänger, also Empfänger der Rufklasse 1. Es können Informationen bis maximal 15 Ziffern, z. B. eine Telefonnummer, empfangen werden. In der Bildmitte ist der Alphanumerik-Empfänger CR 454 abgebildet; ein Empfänger der Rufklasse 2. Mit ihm können je Funkruf bis zu 80 Buchstaben und Ziffern empfangen werden. Weiterhin können bis zu 16 Nachrichten gespeichert werden.

In Abb. 9.5 ist das Citifon 110 von Bosch abgebildet. Es ist ein Nur-Ton-Empfänger in interessanter Ausführung und mit einem Gewicht von nur 40 Gramm.

Die Versorgungsbereiche und die Rufzonen des Cityrufs in Deutschland sind im *Abb. 9.6* dargestellt.

9.2 Eurosignal

Beim Eurosignal werden Informationen in Form eines Rufsignals an kleine tragbare Funkrufempfänger weitergegeben. Dieser Dienst unterscheidet sich gegenüber dem Cityruf unter anderem darin, daß nur Tonruf möglich ist. Deshalb auch die bekannte Bezeichnung „Europiepser". Dabei kann mit maximal vier Codenummern gearbeitet werden; d. h. die Partner müssen vorab verabredet haben, welche Bedeutung die vier Signalarten haben.

Eurosignal ist seit 1974 in Betrieb und ist in den Ländern Deutschland, Frankreich, der Schweiz und bedingt auch in Holland und Belgien zu nutzen. Bisher hat Eurosignal über 200 000 Kunden. Die Rufzonen sind beim Eurosignal gegenüber dem Cityruf entscheidend größer, man spricht deshalb hier von Rufbereichen. Deutschland ist in drei solcher Rufbereiche eingeteilt, und zwar in Nord mit Kanal B und der Frequenz von 87,365 MHz, in Mitte mit Kanal A und der Frequenz von 87,34 MHZ und letztlich in Süd mit Kanal B und der Frequenz von 87,365 MHz. In jedem Bereich gibt es eine eigene Funkrufvermittlungsstelle mit den entsprechenden Funkrufsendern, die im Gleichwellenbetrieb laufen.

Nach Anwahl einer Funkrufnummer wird über die Funkrufzentrale des angewählten Rufbereiches dem Eurosignalempfänger die Nur-Ton-Signale übermittelt. Die Signalisierung durch den Rufempfänger bei eingehenden Anruf erfolgt entweder durch den akustischen „Piep" bei gleichzeitiger optischer Anzeige oder durch Vibration des Empfängers ohne „Piep" (ist notwendig z. B. in Beratungen).

9.2 Eurosignal

Cityruf – Rufzonen

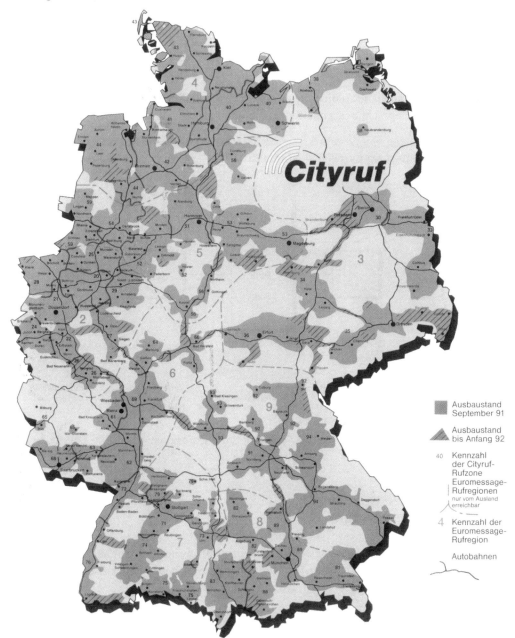

Abb. 9.6: Cityruf-Versorgungsbereiche und Rufzonen in Deutschland

9 Funkruf oder Paging

Es gibt zwei Arten von Funkrufanschlüssen, und zwar

- den Funkrufanschluß A:
Kunde wird gerufen in Funkbereichen der Telekom oder in Funkbereichen der Fernmeldeverwaltungen anderer Länder.
- den Funkrufanschluß B:
Kunde wird gerufen ausschließlich in Rufbereichen der Telekom.

Durch die mögliche Anbindung an den Auftragsdienst, an seinen Anrufbeantworter oder an die Sprachbox ist der Teilnehmer über eingehende Anrufe bei seinem „Heimattelefon" informiert.

Das Grundprinzip Eurosignal ist in *Abb. 9.7* dargestellt.

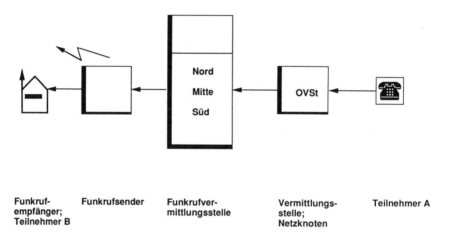

Abb. 9.7: Grundprinzip Eurosignal

9.3 Euromessage

Euromessage (European messaging) ist ein europaweiter Funkruf auf der Basis des Cityrufes. Es ist letztlich eine Vernetzung der einzelnen landesspezifischen Funkrufsysteme Cityruf (Deutschland), ALPHAPAGE(Frankreich), EUROMESSAGE(England) und TELEDRIN(Italien).

Mit Euromessage ist es seit 1990 möglich, in bestimmten Regionen dieser Länder die Funkrufe der drei Rufklassen der jeweils anderen Länder zu empfangen. Der Kunde muß sich dazu in die internationale europäische Rufzone einbuchen lassen.

Die Frequenz, über die Euromessage abgestrahlt wird, ist in allen beteiligten Ländern 466,075 MHz. Somit gibt es Empfänger, die nur Euromessage empfangen können, und solche die Euromessage und Cityruf empfangen können. Man kann EUROMESSAGE als eine Art Zwischenlösung zu ERMES (siehe Abschnitt 9.4) ansehen. *Abb. 9.8* zeigt die Funkrufbereiche in Europa.

9.4 ERMES

Dem Funkrufsystem ERMES (European Radio Message System) gehört in Europa die Zukunft. Unter der Schirmherrschaft der Europäischen Gemeinschaft soll 1992/1993 eine möglichst koordinierte Dienstaufnahme dieses in allen Ländern Europas einzuführenden Funkrufsystems erfolgen. Bis 1995 sollen ca. 80 % der europäischen Bevölkerung diesen Dienst nutzen können. ERMES hat eine Kapazität von etwa 60 Millionen Teilnehmern.

Es ist in seiner Struktur ähnlich aufgebaut wie der Cityruf (Abb. 9.3) und vefügt somit gleichfalls über Funkrufvermittlungsstellen, Funkrufkonzentratoren und Funkrufsender mit Sendeleistungen bis zu 100 Watt.

Die Sendefrequenzen sind festgeschrieben zwischen 169,4 MHz bis 169,8 MHz mit insgesamt 16 Übertragungskanälen im 25 kHz-Raster. Die Zahl der Rufzonen in Europa wird etwa 50 betragen, in Deutschland werden 4 bis 5 Rufzonen eingerichtet.

Das Leistungsangebot von ERMES ist wesentlich größer als das vom Cityruf. Folgende wesentliche Erweiterungen sind vereinbart:

- Rufklasse Nur-Ton-Ruf: 8 Signale
  (Cityruf 4 Signale),
- Rufklasse Numerik-Ruf: mindestens 20 Ziffern
  (Cityruf 15 Ziffern),
- Rufklasse Alphanumerik: mindestens 400 Zeichen
  (Cityruf 80 Zeichen)

Weitere Leistungsangebote, wie das europaweite Roaming, die Nachrichtennumerierung, die Rufumleitung und anderes versprechen eine hohe Akzeptanz dieses europaweiten Funkrufdienstes.

9 Funkruf oder Paging

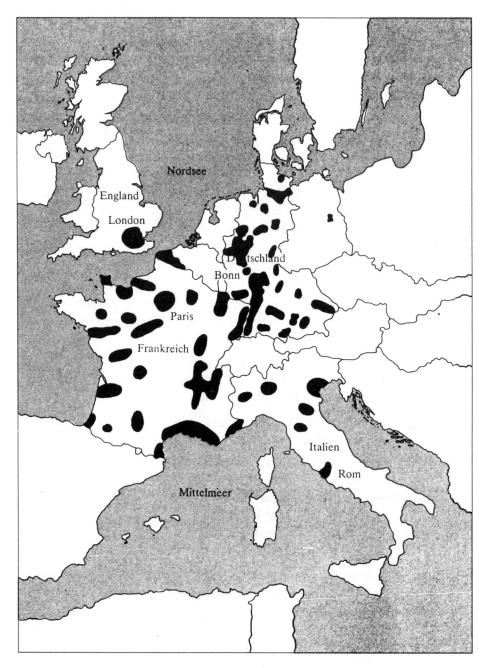

Abb. 9.8: Empfangsbereiche von Euromessage

10 Telepoint-System „birdie"

Unter dem Namen birdie hat die Telekom als Betriebsversuch das schnurlose Telefonieren in der Öffentlichkeit im Umkreis von etwa 200 m um eine Mobilfunkfeststation getestet. Danach kann man mit seinem Schnurlos-Handtelefon *abgehende* Gespräche im CT2-Schnurlos-Standard führen.

Die Struktur des birdie-Systems besteht aus einer öffentlichen Feststation, deren Standort stark frequentierte Bereiche in Großstädten, wie Telefonzellen, Einkaufszentren, Flughäfen usw. sind, dem schnurlosen Handgerät und dem Betriebs- und Abrechnungssystem. Das Betriebs- und Abrechnungssystem identifiziert den Teilnehmer (PIN-Nummer), speichert die Gesprächsdaten und bereitet die Rechnungslegung für den Fernmelderechnungsdienst vor. Das Abrechnen der Gebühren erfolgt über die normale Fernmelderechnung.

Der Zugang zum birdie-Dienst erfolgt durch Eingeben einer PIN-Nummer. Die birdie-Station leitet den Verbindungswunsch an das öffentliche Telefonnetz weiter. Besitzt der Kunde eine Heimstation, kann er auch mit dem birdie-Endgerät über diese Heimstation telefonieren. Dabei können auch mehrere birdie-Telefone über diese Heimstation betrieben werden. Die Heimstationen werden über die TAE-Anschaltetechnik an den analogen Telefonanschluß oder an eine Nebenstellenanlage angeschlossen. Wichtig: über die Heimstation können sowohl gehende als auch kommende Gespräche geführt werden *(Abb. 10.1)*.

Der Nutzen von birdie für die Kunden besteht im wesentlichen in folgendem:

- Die Kommunikation ist nahezu unabhängig von örtlich festgeschriebenen Standorten, wie z. B. das Fernsprechhäuschen,
- Die Anwender des birdie, wie Geschäftsreisende, Außendienstmitarbeiter, Servicetechniker, Journalisten usw. können problemlos und schnell Informationen abgeben und neue empfangen, ohne die Öffentlichen Münzer oder KarTel anzulaufen,
- Das birdie-Endgerät ist klein und handlich und kann in jeder Aktentasche transportiert werden,
- Es ist wesentlich kostengünstiger als Mobilfunk; das betrifft sowohl die Geräte selbst als auch die Gebühren.

10 Telepoint-System „birdie"

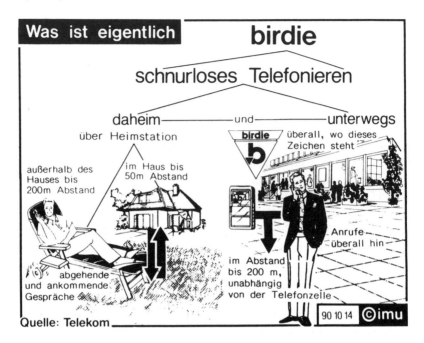

Abb. 10.1: „birdie", das Telepoint-System der Telekom

Ob sich das birdie-Konzept durchsetzt, kann zum heutigen Zeitpunkt noch nicht mit Bestimmtheit gesagt werden. Die Feld-Versuche der Telekom in Münster und in München und natürlich das Verhalten der Kunden werden über diesen Dienst entscheiden. Auf alle Fälle haben sich neun europäische Länder zur grenzüberschreitenden Nutzung dieses Dienstes verpflichtet.

Der endgültige Standard — Nachfolger von CT1 und CT2 — wird zur Zeit als DECT-Standard (Digital European Cordlesss Telekommunication Standard) bearbeitet. Es soll nach 1994 wirksam werden und soll neben der Sprachkommunikation auch Daten übertragen

In *Abb. 10.2* ist die Entwicklungsprognose von Cityruf, Eurosignal, ERMES, birdie und CHEKKER dargestellt.

10 Telepoint-System „birdie"

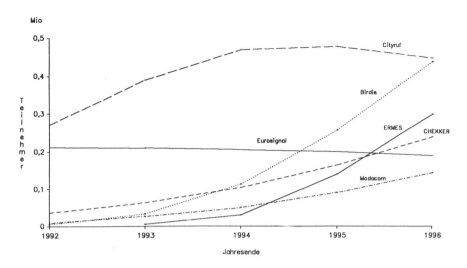

Abb. 10.2: Entwicklungsprognose der Funkrufdienste, birdie und CHEKKER, Quelle: Telekom

11 Nebenstellenanlagen

So wie in der Endgerätetechnik gibt es auch bei den Nebenstellenanlagen die vielfältigsten Arten, Begriffe, Systeme und Techniken. Seit dem Einsatz von Nebenstellenanlagen in den zwanziger Jahren kann man ungefähr folgende Systematisierung vornehmen [30]:

- direkt gesteuerte mechanische Systeme,
  (Heb-Dreh-Wählertechnik)
- indirekt gesteuerte mechanische Systeme,
  (Koordinatenschalter, Motorwähler)
- elektronische Systeme,
  (elektronische Bauelemente)
- analoge Rechnersysteme
  (softwaregesteuerte Anlagen)
- digitale Rechnersysteme
  (digitale Durchschaltung)
- Telekommunikationsanlagen; TK-Anlagen
  (Anlagen für Sprach-, Text-, und Datenkommunikation)

In *Abb. 11.1* ist die technische Entwicklung der Nebenstellenanlagen in unseren Jahrhundert dargestellt.

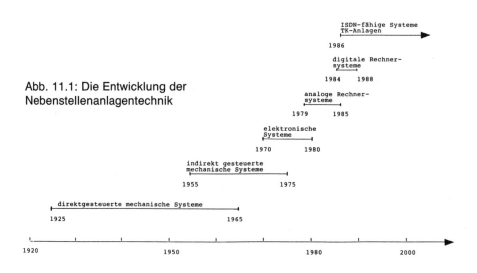

Abb. 11.1: Die Entwicklung der Nebenstellenanlagentechnik

Abb. 11.2:
Schema einer
Vorzimmeranlage

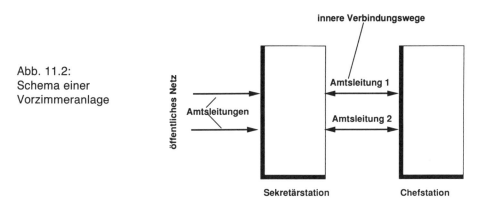

Entsprechend des Verwendungszweckes bzw. des Anwendungsfalles werden weitere Unterscheidungen vorgenommen.

11.1 Vorzimmeranlagen

Vorzimmeranlagen werden im Büro zur Rationalisierung der Verwaltungsarbeit und zur Entlastung der Führungskräfte von Nebentätigkeiten eingesetzt. Im allgemeinen besteht eine Vorzimmeranlage aus einer Chef- und einer Sekretärstation. Die ankommenden Rufe laufen beim Sekretärapparat auf, werden dort entgegengenommen und nach Absprache mit dem Chef durchgeschaltet. Dazu gibt es einen internen Verbindungsweg zwischen diesen beiden Apparaten. Auch Vorzimmeranlagen mit zwei Chefapparaten sind im Einsatz. Je nach Größe der Vorzimmeranlagen werden mehrere Amtsleitungen angeschaltet. *Abb. 11.2.* zeigt des Schema einer Vorzimmeranlage.

11.2 Reihenanlagen

Bei dieser Art Nebenstellenanlage haben im Normalfall alle Sprechstellen direkten Zugriff zu den Amtsleitungen. Das heißt, jede Nebenstelle kann sowohl bei ankommenden Rufen die Amtsleitungen abfragen als auch im abgehenden Verkehr direkt erreichen. Eine Nebenstelle kann als Reihenhauptstelle geschaltet werden.

Abb. 11.3 zeigt das Schema einer Reihenanlage. Wie der Name sagt, sind alle Nebenstellen bezogen auf die Amtsleitungen in Reihe geschaltet.

11 Nebenstellenanlagen

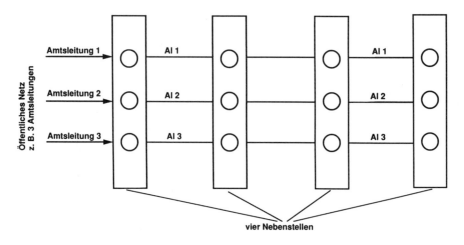

Abb. 11.3: Schema einer Reihenanlage

Dabei hat jede Nebenstelle genausoviel Abfragetasten wie Amtsleitungen vorhanden sind. Jede Nebenstelle kann somit als Abfragestation fungieren. Hat eine Nebenstelle eine Amtsleitung belegt, wird dies allen anderen Nebenstellen optisch angezeigt. Über die internen Verbindungswege kann jede Nebenstelle mit einer anderen sprechen.

Weitere Leistungsmerkmale einer Reihenanlage sind
- das Führen eines Konferenzgespräches durch Drücken mehrerer Ruftasten,
- die Weitervermittlung eines Gespräches zu einer anderen Nebenstelle,
- die Rückfrage zu einer Nebenstelle während eines Gespräches,
- das Makeln, das heißt die wechselseitige Gesprächsführung auf zwei Amtsleitungen,
- die Nachtschaltung zu einer bestimmten Nebenstelle,
- die selbsttätige Rufweiterschaltung nach dem dritten Ruf von der Reihenhauptstelle zu einer anderen Nebenstelle.

11.3 Wählanlagen

Ob noch mit dem Nummernschalter oder heutzutage mit dem Tastwahlblock, nach wie vor muß der Verbindungsweg durch das Wählen hergestellt werden. Im Gegensatz zu den Reihenanlagen sind bei den Wählanlagen die Amtsleitungen zentral angeordnet und werden im Bedarfsfall mit einer Nebenstelle verbunden. Entsprechend ihrer

11.3 Wählanlagen

Größe unterscheidet man allgemein zwischen kleinen (etwa 9 Nebenstellen), mittleren (etwa 100 Nebenstellen) und großen Wählanlagen (über 3000 Nebenstellen). Das Durchwählen bis zur gewünschten Nebenstelle ist möglich.

Wählnebenstellenanlagen sind die am häufigsten eingesetzten Anlagen in Deutschland. Dabei hat die Typenvielfalt durch die Vereinigung Deutschlands noch zugenommen. Die Grundkonzeption einer Wählnebenstellenanlage ist im *Abb. 11.4* dargestellt.

Die wichtigsten Baugruppen einer solchen Anlage sind:

Das Durchschaltenetzwerk: Verbindet die Nebenstellen mit den Amtsleitungen und mit den anderen Nebenstellen.

Die Teilnehmerschaltung: Paßt die Nebenstellenleitung an die Anlage an, setzt die Signale zum Teilnehmer um, sichert die Stromversorgung der Nebenstelle und überträgt die Sprache.

Die zentrale Steuerung: Überwacht das Durchschaltenetzwerk, die Teilnehmerschaltung, die Übertragungen, die Wahlaufnahme usw. Sie besteht bei modernen Anlagen aus einem Hard- und Softwarepaket. Die Software besteht aus mehreren Programmen, wie z. B. aus dem Betriebsprogramm, dem vermittlungstechnischen Programm, aus Prüfprogrammen und Serviceprogrammen. Ein Rechner überwacht das gesamte System.

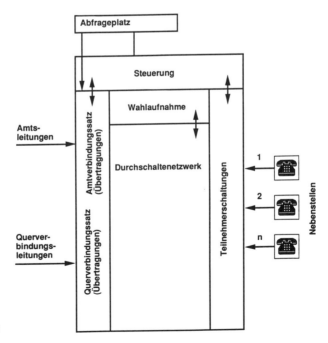

Abb. 11.4: Grundkonzeption einer Wählnebenstellenanlage

11 Nebenstellenanlagen

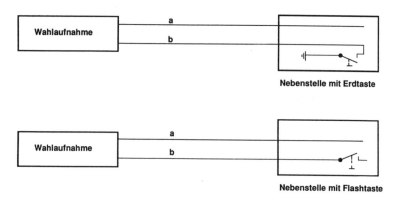

Abb. 11.5: Funktion der Erd- und Flashtasten

Die Wahlaufnahme: Die Wahlaufnahme realisiert die Verbindungswünsche des Nebenstellenteilnehmers, die er bekanntlich als eine dekadische Wahlinformation an die Nebenstellenanlage gibt. Diese Wahlinformation kann erfolgen nach dem Impulswahlverfahren IWF oder nach dem Mehrfrequenzverfahren MFV. Heutzutage wird für analoge Anschlußleitungen in Nebenstellenanlagen das Mehrfrequenzverfahren angewendet mit dem Vorteil, daß die Wahlinformationen im Sprachband mit übertragen werden. Damit können bei bestehender Verbindung weitere Zeicheninformationen erfolgen.

Die Erdtaste: Mit Hilfe der Erdtaste wird Erdpotential an eine oder beide Anschlußadern gelegt. Damit wird eine zusätzliche Information an die Wahlaufnahme gegeben. In der Praxis wird die Erdtaste bei bestehender Verbindung zur Rückfrage bei einem anderen Nebenstellenteilnehmer genutzt. Dieser kann gleichfalls mit der Erdtaste das Gespräch übernehmen.

Die Flashtaste: Mit dieser Taste wird die bestehende Verbindung für eine definierte Zeit von 50 bis 110 ms unterbrochen. Auch dadurch erfolgt eine gewollte Information an die Wahlaufnahme. Die Flashtaste hat die gleiche Funktion wie die Erdtaste *(Abb. 11.5)*.

Amtsverbindungssatz oder Amtsübertragung: Diese Baugruppe der Nebenstellenanlage stellt die Verbindung zum öffentlichen Netz her. Dabei sind Amtsübertragungen mit und ohne Durchwahl zu unterscheiden.

Querverbindungssatz oder Querübertragung: Diese Funktionsgruppe ist verantwortlich für das Verbinden von mehreren Nebenstellenanlagen untereinander in größeren Unternehmen.

Abfrageplatz: Der Abfrageplatz ist zugleich ein Vermittlungsplatz für Anrufer aus dem öffentlichen Netz. Hier werden die Anrufer mit den gewünschten Nebenstellen verbunden. Die Zahl der Abfrageplätze ist abhängig von der Zahl der Amtsleitungen und letztlich von der Größe der Nebenstellenanlage. Die Person am Abfrageplatz hat durch ihr Verhalten einen entscheidenden Einfluß auf die Abwicklung des Telefonverkehrs von und zur Nebenstellenanlage (z. B. schnelles Abfragen, Informationen über Durchwahlnummern, Bekanntgabe geänderter Rufnummern usw.).

11.4 Makleranlagen

Makleranlagen sind vom Prinzip wie Reihenanlagen aufgebaut, unterscheiden sich aber wesentlich durch die Leitungsart und Leitungszahl sowie durch die Anzahl der Abfrageplätze. Sie werden dort sinnvoll eingesetzt, wo eine große Zahl von Gesprächen durch eine Person abgefragt werden müssen, wie zum Beispiel in Maklerbüros, in Banken, in Agenturen usw. und wo insbesondere zwischen diesen vielen Leitungen gemakelt werden muß.

Da alle Leitungen parallel an jeden Abfrageplatz aufgeschaltet sind, kann auch jeder Abfrageplatz jede Leitung abfragen. Über die internen Verbindungswege können die Abfrageplätze auch untereinander Informationen austauschen.

11.5 Auftragsanlagen

Auftragsanlagen, auch ACD-Anlagen (Automatic Call Distribution = automatische Anrufverteilung) genannt, werden dort eingesetzt, wo ebenfalls eine große Zahl von Amtsleitungen abgefragt werden müssen, aber wo zwischen den Leitungen nicht gemakelt werden muß.

Die typischen Anwenderfälle sind Versandhäuser mit meist mehreren Abfrageplätzen, die oft in Gruppen unterteilt sind. Aufsichtsplätze steuern den Verkehr zu den Abfrageplätzen. Übersteigt die Zahl der Anrufe die Abfragemöglichkeiten, so werden die Anrufer der Warteschlange zugeordnet bei gleichzeitiger Information mittels einer Bandansage.

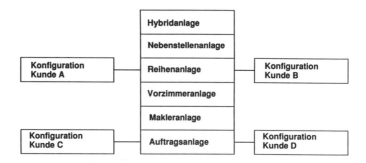

Abb. 11.6: Die moderne Hybridanlage vereint die Vorzüge anderer Anlagen

11.6 Hybridanlagen

Moderne Hybridanlagen sind universelle Anlagen, die letztlich die Systemkonzepte der Reihen- Vorzimmer- und kleiner Nebenstellenanlagen in sich vereinen. Durch den Einsatz von Mikroprozessoren werden die Vorzüge dieser Anlagen kombiniert nutzbar gemacht und bieten nun dem Betreiber erhöhten Bedienkomfort. Die heutzutage angebotenen Telekommunikationsanlagen (TK-Anlagen) sind letztlich im Grundkonzept alles Hybridanlagen; d. h. rechnergestützte Anlagen, die sowohl analog als auch digital arbeiten können.

Durch das Nutzen der vermischten Leistungsmerkmale der verschiedenen vorher beschriebenen Anlagen ergeben sich für den Anwender heutzutage vielfältige Möglichkeiten der Konfiguration. Mit diesen Anlagen können kundenspezifische Wünsche hinsichtlich des Anschaltens von Endgeräten sowie spezieller Leistungsmerkmale erfüllt werden. *Abb. 11.6* zeigt das Schema der Hybridanlage.

12.7 Beispiele moderner kleiner Telefonanlagen

Oft besteht der Wunsch, an den vorhandenen Telefonanschluß weitere Apparate oder Zusatzgeräte wie z. B. ein Faxgerät relativ unkompliziert und ohne großen finanziellen Aufwand anschließen zu wollen. Solche kleinen Erweiterungen betreffen sowohl den Privatbereich (Wohnung, Keller, Garage. . .) als auch den Kleinunternehmer (Büro, Werkstatt, Lager. . .). Diese Wünsche können durch den Einsatz von kleinen Telefonanlagen realisiert werden.

Dabei soll hier nochmals darauf aufmerksam gemacht werden, daß seit der Freigabe des Postmonopols ab 1.7.1990 hinter dem Übergabepunkt der Deutschen Bundespost Telekom, also der TAE-Dose, individuell durch Verlegen weiterer Leitungen zusätzliche Endgeräte angeschaltet werden können, vorausgesetzt sie besitzen die Zulassung des Bundesamtes für Zulassungen in der Telekommunikation. Nachfolgend werden einige kleine Telefonanlagen vorgestellt.

11.7.1 Kleine Telefonanlagen ohne Netzanschluß

Der elektronische Endgeräteumschalter EGU 1-4

Der EGU 1-4 ist das Grundmodell einer ganzen Endgeräteumschalter-Familie der Fa. Ackermann. Es gestattet den Anschluß von vier Endgeräten (Telefone, Faxgeräte, Anrufbeantworter...) an den Telefonanschluß der Telekom oder an die Nebenstellen-Anschlußleitung einer Nebenstellenanlage, und stellt damit eine Art Unternebenstellenanlage dar.

Beim EGU 1-4 werden ankommende Anrufe an allen angeschlossenen Endgeräten gleichzeitig signalisiert und von allen vier Endgeräten kann abgefragt werden (falls die Endgeräte Telefone sind). Auch haben alle vier Endgeräte gleichberechtigten Zugriff auf die Anschlußleitung bei abgehenden Gesprächen.

Es ist jedoch möglich, mit dem Vorrangschalter einem bestimmten Telefon die bevorrechtigte Übernahme der ankommenden Gespräche zuzuordnen. Eine Abhör- und Mithörsperre stellt sicher, daß bei Bestehen einer Verbindung alle anderen Endgeräte abgeschaltet sind.

Die Installation des EGU 1-4 ist sehr einfach auch selbst durchzuführen. Das erste Endgerät wird mittels TAE-Stecker in den EGU 1-4 aufgesteckt, die anderen Leitungen für die Endgeräte werden an Schraubklemmen 2-adrig und polungsunabhängig angeschlossen.

Die Leistungsmerkmale für den Anwender auf einen Blick

- An eine Amtsleitung sind vier Endgeräte anschaltbar,
- Kein zusätzlicher Netzanschluß,
- Mikroprozessorgesteuert,
- Kleine Abmessungen,
- Alle Anschlüsse zweiadrig,
- Verpolungssicher,
- Vorrangschaltung,
- Wahlweise IWF/MFV-Betrieb
- Anschluß an Nebnstellenanlagen möglich.

11 Nebenstellenanlagen

Weitere interessante Endgeräteumschalter von Ackermann sind:

EGUCOM 4:   1 Amtsleitung, 4 Endgeräte, 1 Türfreisprecheinrichtung
EGUCOM 2-5: 2 Amtsleitungen, 5 Endgeräte. 1 Türfreisprecheinrichtung
EGUCOM 6:   1 Amtsleitung, 5 Endgeräte. 1 Türfreisprecheinrichtung
EGUCOM 2-6: 2 Amtsleitungen, 6 Endgeräte.

Die Telefonanlage ATUS 1000

Die Anlage ATUS 1000 der Fa. Quante gestattet gleichfalls den Anschluß von vier Endgeräten an eine Amtsleitung. Die Leistungsmerkmale dieser Anlage sind:

- eine Amtsleitung,
- vier Endgeräte,
- Verpolungsunabhängigkeit,
- 16 kHz-Festigkeit (Gebührenimpulse können übertragen werden),
- TAE-Steckplatz für Sprechstelle 1,
- IWV- und MFV- fähig,
- unterschiedliche Ruftakte, intern/extern,
- unterschiedliche Hörtöne, intern/extern,
- Signalisierung der Weitergabe,
- Gesprächsweitergabe,
- Parken einer Verbindung,
- Vorrang programmmierbar,
- Stummschaltung,
- Nachtabschaltung einzelner Sprechstellen,
- Rufumleitung,
- drei Sprechstellen halbamtsberechtigt schaltbar.

11.7.2 Kleine Telefonanlagen mit Netzanschluß

Die „elcom LC 2" von ELMEG

Die kleine Telefonanlage elcom LC-25 ist geeignet für den Anschluß von vier Telefonen im privaten oder geschäftlichen Bereich. Sie besitzt ein eigenes Netzgerät und kann somit über die Steckdose problemlos angeschlossen werden. Innerhalb der Anlage kann man mit jedem Telefon Gespräche führen. Externe Gespräche können unterbrochen werden wenn intern nachgefragt werden muß und jede Nebenstelle kann externe Telefonate führen. Es ist jedoch auch möglich zwei der vier Apparate halbamtsberechtigt zu schalten, das heißt, diese beiden Telefone können vom öffentlichen Netz angerufen werden, selbst aber nicht anrufen.

11.7 Beispiele moderner kleiner Telefonanlagen

Sollten die Amtsleitungen besetzt sein, kann man den Gesprächswunsch vormerken. Ein Vorteil ist auch die Möglichkeit des „Stummschalten" einer Nebenstelle wenn man ungestört sein will. Für eine Art Konferenzschaltung ist das Rundrufen möglich.

Die Einzelraumüberwachung (z. B. Kinderzimmer) ist vorgesehen.

Die elcom LC-25 kann nachgerüstet werden und bietet dann zwei sinnvolle Zusatzfunktionen an:

- Anschluß einer Türgegensprechanlage, die von allen vier Telefonen aus bedient werden kann, und
- Anschluß eines Alarmteiles für Alarmkontakte von Glasbruch- und Bewegungsmelder an Fenster und Türen sowie Anschluß der Alarmsignalgeber für Warnlicht oder Warnsirene.

Die wichtigsten Leistungsmerkmale der elcom LC 25 sind

- Anschluß an eine oder zwei Amtsleitungen,
- Es können vier Telefone als Nebenstellen angeschlossen werden,
- Anschluß der Telefone in Zweidrahttechnik,
- Wahlverfahren IWV und MFV,
- Spannungsversorgung über Steckdose,
- TAE-Stecker für den Amtsanschluß,
- Anschlußmöglichkeit für einen zentralen Wecker,
- Eingebautes Alarmteil,
- Im Alarmfall Anwahl eine internen oder externen Rufnummer,
- Kontaktauslösung für die Warnanlage (Sirene oder Lampe),
- Optische Überwachung von 6 Alarmschleifen in der Telefonanlage,
- Raumüberwachung,
- Türgegensprechanlage von allen Telefonen aus,
- Coderuf,
- Rufumleitung/Amtsrufweiterschaltung,
- Interne Rückfrage während eines externen Gespräches möglich,
- Gezieltes Belegen der Amtsleitungen.

Die „amex i"

Die Telekom bietet als kleine Telefonanlage mit Netzanschluß die Anlage amex i für eine Amtsleitung und vier Endgeräte und die Anlage amex 2i für zwei Amtsleitungen und sechs Endgeräte an. Auch diese Anlagen besitzen die allgemeine Anschalteerlaubnis und können somit selbst montiert und in Betrieb genommen werden.

Die Leistungsmerkmale der amex i sind:

- eine Amtsleitung,
- vier Endgeräte,

- Impulswahlverfahren,
- Telefone der ProfiLine, Fernkopierer, Anrufbeantworter und Modems zur Datenübertragung anschließbar,
- automatisches Halten und Übergeben von externen Verbindungen,
- zwei geheime Innenverbindungswege,
- Dringlichkeitruf und Coderuf,
- interne Konferenz mit allen Telefonen,
- Amtsrufsignalisierung und Halbamtsberechtigung programmierbar,
- Amtsleitung bei Netzausfall nutzbar.

Die Hicom cordless 100

Die Hicom cordless 100 von Siemens ist eine kleine Telefonanlage für zwei Amtsleitungen und bis zu acht schnurlosen und drei festangeschlossenen Telefonen. Die typische Version ist allerdings der Anschluß von vier schnurlosen Telefonen und ein fest installiertes Telefon. Der Vorteil dieser Anlage besteht in der möglichen Ortsveränderlichkeit der Handtelefone.

Die wichtigsten Leistungsmerkmale sind:

- zwei Amtsleitungen,
- vier schnurlose Telefone,
- ein festinstalliertes Telefon,
- eine Türsprechstelle,
- wahlweises Festlegen, an welchen Apparaten die Rufe ankommen sollen,
- der Ruf kann mit Tastendruck herangeholt werden,
- es kann intern telefoniert werden,
- der Ruf kann zu einem anderen Apparat vermittelt werden,
- durch Coderuf kann eine bestimmte Tonfolge jedem Telefon zugeordnet werden.

11.8 Moderne Telekommunikationsanlagen

Die heutigen modernen Telekommunikationsanlagen (TK-Anlagen) sind entgegen den früheren Nebenstellenanlagen, die nur für die Sprachkommunikation ausgelegt waren, für den Austausch und Vermittlung von Sprache, Daten, Texten und Bildern geeignet [29].

Mit diesen TK-Anlagen werden in der Perspektive die Wählanlagen der kleineren und mittleren Baustufen und die Reihenanlagen abgelöst. Zukunftsorientierte Geschäftsleute sind gut beraten, sich die vielfältigen Leistungsmerkmale dieser modernen Anlagen zu Nutze zu machen.

11.8 Moderne Telekommunikationsanlagen

Um die große Palette der Möglichkeiten auszunutzen, werden systemeigene Telefone, also *Systemtelefone*, die speziell vom Hersteller für die jeweilige Anlage entwickelt wurden, eingesetzt.

Die focus-Familie der Telekom:

Die Telekom bietet unter dem Vertriebsnamen focus verschiedene TK-Anlagen an. Nachfolgend werden einige vorgestellt.

Die TK-Anlage „focus D"

Das ist eine analoge Kompaktanlage für eine oder zwei Amtsleitungen und bis zu sechs Systemtelefonen (Systel). Sie ist besonders geeignet für kleine Unternehmen mit bis zu 4-5 Beschäftigten oder für Selbstständige, die Ihre Tätigkeit von zu Hause aus durchführen. Es bestehen grundsätzlich zwei Varianten der Konfiguration. Einmal der Anschluß an eine Amtsleitung — in diesem Fall wird die Anlage mit drei Systemtelefonen betrieben, und zum anderen der Anschluß an zwei Amtsleitungen —

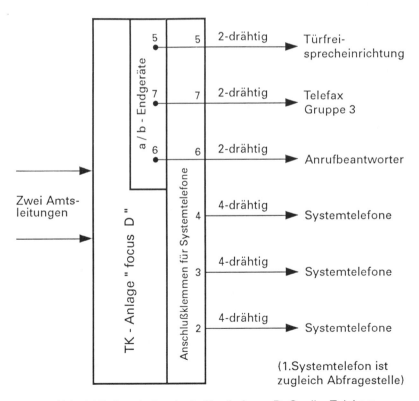

Abb. 11.7: Anschaltvariante für die focus D; Quelle: Telekom

11 Nebenstellenanlagen

dabei können insgesamt sechs Systemtelefone angeschaltet werden. Jedoch können anstelle der letzten drei Systemtelefone nach einer kleinen Erweiterung der Anlage alternativ andere Endgeräte angeschlossen werden, wie z. B. ein Anrufbeantworter, ein Faxgerät und eine Türfreisprecheinrichtung. Weiterhin ist, ebenfalls nach einer Erweiterung der Anlage um das „SaS-Package" (= Sicherheit und Service-Paket), die Möglichkeit gegeben, Fernwirk-, Fernprüf- und Fernmeldefunktionen zu nutzen. Dabei wird das Systemtelefon S eingesetzt.

Bei der Installation der focus D ist natürlich zu beachten, daß die Systemtelefone 4-drähtig angeschlossen werden. *Abb. 11.7* zeigt eine mögliche Anschaltevariante.

Das Systemtelefon für die focus D (Foto DeTeWe) ist im *Abb. 11.8* zu sehen.

Die *wichtigsten Leistungsmerkmale* der focus D sind:

- eine oder zwei Amtsleitungen,
- Anschluß bis zu sechs Systemtelefonen,
- anstelle von drei Systemtelefonen können a/b-Endgeräte angeschaltet werden,
- gezieltes Belegen von Anschlüssen,
- Gebührenerfassung und Gebührenanzeige,

Abb. 11.8: Das Systemtelefon der focus D; Quelle: DeTeWe

11.8 Moderne Telekommunikationsanlagen

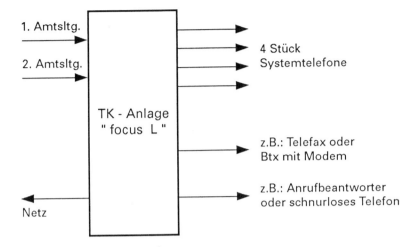

Abb. 11.9: Anschaltvariante der focus L; Quelle: Telekom

- Heranholen des Rufes,
- Kennzeichnung des Externanrufes,
- Kennzeichnung von Besetztzuständen,
- Sperren abgehender Verbindungen,
- Umschaltung des Wahlverfahrens,
- Türfreispracheinrichtung,
- Wahlwiederholung,
- Makeln,
- Stummschaltung,
- Wecken/Termine
- akustische Raumüberwachung (mit Systel Modell S)
- Fernwirken und Fernmelden (mit Systel Modell S)

Mit dem Handsender kann von außen, d. h. von jedem beliebigen Telefon die Haustechnik, z. B. die Heizung kontrolliert werden.

Die TK-Anlage „focus L"

Diese Anlage ist eine komfortable Anlage für zwei Amtsleitungen und sechs Systemtelefonen (Systel). Sie ist mit zwei integrierten a/b-Schnittstellen ausgestattet. Anstelle von zwei Systemtelefonen können somit zwei Standardtelefone oder andere a/b-Endgeräte, wie Fax oder Anrufbeantworter angeschaltet werden. Eine Anschaltevariante der focus L zeigt *Abb. 11.9*.

11 Nebenstellenanlagen

Je nach Anwendungsfall, entsprechend der Wünsche der Anwender, können 3 verschiedene Bedienoberflächen (Bedienoberfläche 1-3) für das Systemtelefon festgelegt werden. Den Tasten des Systels sind dann teilweise andere Funktionen zugeordnet. *Abb. 11.10* zeigt die Bedienoberfläche des Systels der focus L [19].

Die wichtigsten Leistungsmerkmale und Funktionen der focus L sind:

- an zwei Amtsleitungen anschaltbar,
- sechs Systemtelefone können angeschlossen werden,
- anstelle von zwei Systels können zwei a/b-Endgeräte betrieben werden,
- Wahl bei aufgelegtem Hörer,
- Wahlwiederholung,
- Lauthören,
- Kurzwahl,
- Gebührenanzeige,
- Gespräche weiterverbinden,
- zwischen Gesprächen wechseln (Makeln),
- Nachtschaltung,
- Rufumleitung,
- Raumrückfrage,
- Sammelruf,
- Terminmeldung,
- Telefonsperre,
- Anzeige der Anrufe bei einem internen Teilnehmer, der nicht abhebt (Anrufliste),
- Einleiten eines Rückrufes bei einem besetzten Teinehmer.

Die TK-Anlage „focus H-TS"

Die focus H-TS [20] ist eine Anlage für maximal vier Amtsleitungen und 10 Systemtelefone. Im Grundausbau werden 2 Amtsleitungen und drei Systels angeschaltet. Ohne Nachrüstung kann die focus H-TS um drei weitere System- oder a/b-Telefone erweitert werden. Durch Nachrüstung von Baugruppen können zwei weitere Amtsleitungen und vier Systemtelefone oder a/b-Telefone angeschaltet werden. Damit ist die maximale Ausbaustufe erreicht.

Die besonderen Leistungsmerkmale der focus H-TS sind:

- an vier Amtsleitungen anschaltbar mit 10 Systemtelefonen,
- Hinweisgeber mit besprechbaren Ansagen (z. B. „bin gegen 13 Uhr zurück"),
- Rufumleitung,
- Anschlußmöglichkeit für Torsprechstelle mit Türöffner und „Apothekerschaltung",
- Anschlußmöglichkeit für eine Lautsprechanlage (z. B. Arztpraxen),

11.8 Moderne Telekommunikationsanlagen

Display
Das Display zeigt Ihnen wichtige Informationen.

Lautstärkeeinsteller
zum Einstellen der Lautsprecherlautstärke (Die Klingel kann über Tasten eingestellt werden.)

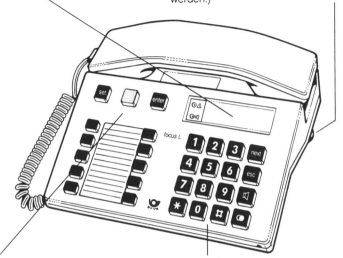

set Taste set
zum Einleiten und Beenden des Programmierens

☐ Gelbe Taste
zum Benutzen der zweiten Ebene der Funktionstasten

enter Taste enter
zum Bestätigen beim Programmieren

 10 Funktionstasten
Zum Einleiten von Funktionen, z.B.
- Gebühren anzeigen,
- Umleiten zu oder
- Rückfrage.

Die Funktionstasten sind je nach eingestellter Bedienoberfläche standardmäßig belegt. Außerdem kann durch Programmieren am Telefon 2 festgelegt werden, welche Funktion auf welcher Taste liegt.

1 ... **0** Wähltastatur
zum Wählen einer Rufnummer und Eingabe von Daten

✱ Taste Stern
zum Aufruf einer Kurzwahlnr. (11 bis 30)

♯ Taste Raute
zum Löschen einer Anzeige und von Daten beim Programmieren

next Taste next
zum Weiterblättern in der Anzeige bei verschiedenen Funktionen

esc Taste esc (escape)
zum Trennen einer Verbindung oder zum Abbrechen des Programmierens

📢 Taste Lauthören
zum Einschalten des Lautsprechers

∞ Taste Wahlwiederholung
zum Wählen der zuletzt gewählten Nummer

Abb. 11.10: Bedienoberfläche des Systemtelefons der focus L; Quelle: Telekom

149

11 Nebenstellenanlagen

- Gebührenanzeige, auch mit Drucker,
- Freisprechen, Lauthören, Konferenzgespräche,
- individuelle Rufzuordnung,
- Fernwirkfunktionen,
- „Music on Hold" (Wartemusik bei Rückfragen),
- für Betrieb als Zweitanlage gut geeignet,
- Nachtschaltung.

Die *Abb. 11.11* zeigt die Bedienoberfläche des Systemtelefons der TK-Anlage focus H-TS.

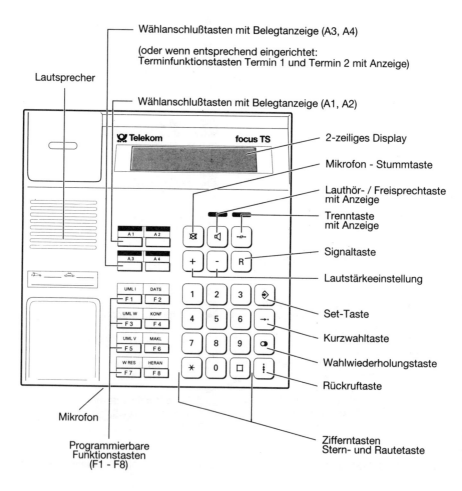

Abb. 11.11: Bedienoberfläche des Systemtelefons der focus H-TS; Quelle: Telekom

11.8 Moderne Telekommunikationsanlagen

Die TK-Anlage „focus C-TS"

Diese Anlage ist die sogenannte schnurlose TK-Anlage, da sie außer für vier drahtgebundene Systemtelefone noch für maximal vier schnurlose Systemtelefone ausgelegt ist [21]. Sie wird an zwei Amtsleitungen angeschlossen. Die herkömmlichen Basisstationen für die schnurlosen Telefone sind in die Anlage integriert. Im Grundausbau können betrieben werden:

- 2 Systemtelefone plus
- 2 Systemtelefone oder 2 Standardtelefone,
- 2 schnurlose Systemtelefone.

Als Erweiterungen der Anlage sind möglich:

- 2 drahtgebundene Systemtelefone,
- 2 schnurlose Systemtelefone,
- Türfreispracheinrichtung und Lautsprechereinrichtung,
- Anschaltung von Aktoren (Schalter) und Sensoren (Melder) mit dem „Tele-Switch-Se" (Sprachspeicher-, Alarm- und Fernwirkbaugruppe)
- Einbaumöglichkeit eines Mehrfrequenzsenders zur Aussendung von MFV-Signalen,
- Einbaumöglichkeit einer Schnittstelle für externe Gebührenerfassung durch einen Drucker,
- Einbaumöglichkeit für „Music on Hold" (Wartemusik).

Als drahtgebundene Systemtelefone werden die gleichen wie bei der focus H-TS verwendet. Das schnurlose Systemtelefon ist in *Abb. 11.12* abgebildet.

Die TK-Anlage „connex C"

Die connex C [22] ist eine Kommunikationsanlage, die die Einsatzbereiche von früheren Reihen-, Vorzimmer,- Wähl,-und Makleranlagen abdeckt. Sie ist für insgesamt 32 Ports (Anschaltemöglichkeiten von Amtsleitungen und internen Leitungen) ausgelegt. Sie ist für kleine aber auch schon für mittlere Unternehmen einsetzbar. Besondere Anwendergruppen sind u. a. Speditionen, Hotels, Steuerberater, Taxibetriebe, Unternehmensberater, Reisebüros, Banken, Versicherungen, Restaurants, Makler, Anwälte usw.

Entsprechend den Wünschen der Anwender werden die Leistungsmerkmale in die Anlage einprogrammiert. Das geschieht vor Ort beim Kunden mittels eines tragbaren Personalcomputers (Laptop), der mit bediener- und menügeführter Anwender-Software ausgestattet ist [23]. Die connex C ist ja eine softwaregesteuerte Anlage und ist für analoge Sprachübertragung mit digitaler Signalisierung ausgelegt.

11 Nebenstellenanlagen

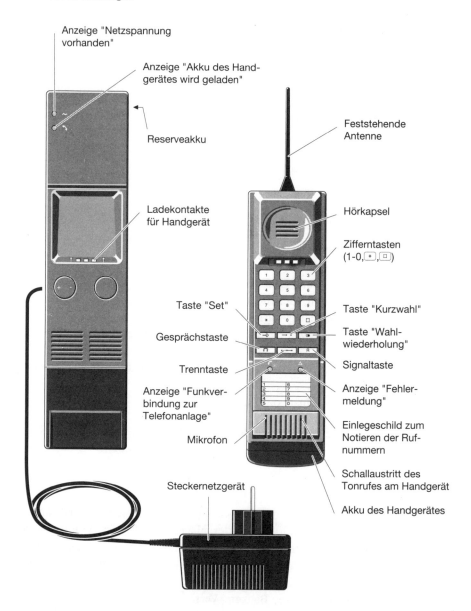

Abb. 11.12: Das schnurlose Systemtelefon für die focus C-TS; Quelle: Telekom

11.8 Moderne Telekommunikationsanlagen

An die connex C werden Systemtelefone aber auch a/b-Telefone und weitere a/b-Endgeräte angeschaltet. Sie ist stufenweise ausbaufähig. Durch die frei wählbaren Anschaltemöglichkeiten (Ports) zwischen Amtsleitungen und Endgeräten kann eine bedarfgerechte und wirtschaftliche Kombination zwischen diesen beiden problemlos realisiert werden.

Das Systemtelefon der connex C ist in *Abb. 11.13* dargestellt.

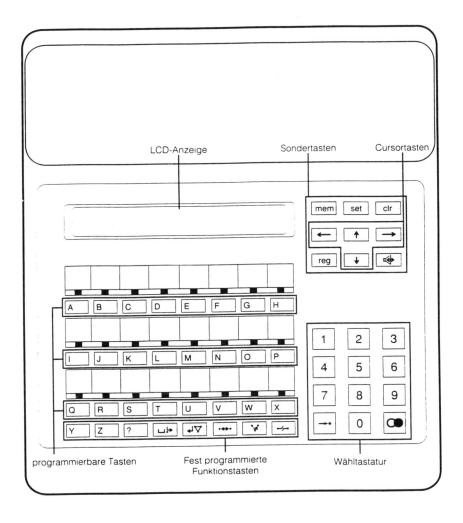

Abb. 11.13: Die Benutzeroberfläche des Systemtelefons der TK-Anlage Connex C; Quelle: Telekom

11 Nebenstellenanlagen

Wesentliche Leistungsmerkmale der connex C sind:

- Endausbau bis zu 32 Ports (Anschaltemöglichkeiten),
- Wartefeldansage,
- Gebührenerfassung und Gebührenausdruck,
- Umschaltung der Verkehrsberechtigung,
- Möglichkeit der Teambildung für in sich geschlossene Arbeitsbereiche, dabei haben alle Teammitglieder Zugriff auf die gleichen Leistungsmerkmale,
- Einsatz als Reihen-, Vorzimmer- oder Makleranlage,
- Anschaltung analoger Endgeräte (Fax, Standardtelefone, Anrufbeantworter usw.),
- LC-Display im Systemtelefon für 24 Dezimalziffern, Buchstaben und Sonderzeichen,
- Zuordnung bestimmter Leistungsmerkmale einzelnen Gruppen oder einzelnen Endstellen,
- Heranholen des Rufes,
- Kunden-Memory-Card für den Anwender zur Sicherung seiner persönlichen Daten, wie Telefonbuch, Gebührenmerkmale, Kurzwahl, Codenummern usw. vor unberechtigten Zugriff,
- übermitteln von Texten zwischen den Systemtelefonen (Display-Anzeige),
- Terminspeicherung, Rufumleitung, Anrufschutz, Anklopfen,
- Wartemusik „Musik on Hold" (Wahl von acht Melodien).

In Verbindung mit einem ISDN-Basisanschluß ist die connex C durchwahlfähig. Gleichzeitig ist damit die dienstebezogene Anrufumleitung möglich, d. h. ankommende Rufe können z. B. in die Privatwohnung oder zum Autotelefon umgeleitet werden. Und das Fax-Routing (ein ankommendes Fax sucht sich stets das freie Faxgerät, falls mehrere angeschaltet sind) ist möglich.

Die TK-Anlage „elcom TK 32"

Von der Firma ELMEG wird diese TK-Anlage angeboten. Sie ist in ihren Leistungsmerkmalen der connex C sehr ähnlich. Auch hier ist ein flexibler Ausbau bis zu 32 Ports möglich. Die Systemstruktur zeigt *Abb. 11.14.*

11.8.1 ISDN-fähige TK-Anlagen

Nachfolgend werden Anlagen verschiedener Hersteller und Vertreiber vorgestellt, die einmal an vorhandene digitale Vermittlungsstellen über Basisanschlüsse oder Primärmultiplexanschlüsse angeschaltet werden können, die aber auch bei Nichtvorhandensein digitaler Vermittlungsstellen mit analogen verbunden werden können. Die Vorteile des ISDN sind dann aber schon als eine Art systemeigenes ISDN im eigenen Unternehmens- und Anwendungsbereich nutzbar. Jeder Anwender, der vor der Frage der Erneuerung seiner bisherigen Telefonanlage steht, ist gut beraten, eine solche moderne TK-Anlage mit der Möglichkeit der ISDN-Nutzung einzusetzen [29].

11.8 Moderne Telekommunikationsanlagen

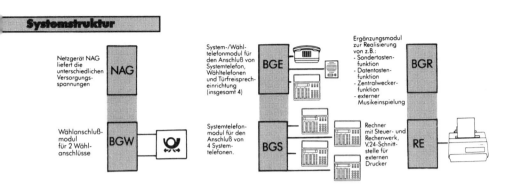

Abb. 11.14: Die Systemstruktur der „elcom TK 32" von ELMEG

Die TK-Anlage „varix 12/3"

Diese Anlage von DeTeWe ist für kleinere Unternehmen geeignet. Es können bis zu 8 Amtsleitungen angeschaltet werden. Das System ist ausbaufähig bis zu 24 Nebenstellen. Im ISDN besteht Durchwahlfähigkeit. Rufumleitung und Nachtschaltung sind ebenso integriert wie Wahlwiederholung und Konferenzschaltung, Variable Teamschaltung ist möglich. Alle Endgeräte der Anlage können über Kurzwahl telefonieren.

Als systemeigenes Telefon wird das varix S 16 eingesetzt. Es erfüllt alle bisher genannten Leistungsmerkmale von Komforttelefonen. Mit dem Zusatzgerät varix S 16 B, das sich einfach an das varix S 16 anstecken läßt, können weitere 46 interne Teilnehmer oder Funktionen schnellstens angewählt werden

Weitere Systemtelefone für die varix Reihe von DeTeWe sind:

- varix S 4/1 als Standardtelefon,
- varix S 4/2 als erweitertes Standardtelefon,
- varix S 4/3 als erweitertes Standardtelefon,
- varix ST 90 als schnurloses Telefon,
- varix S 5/1 als Standardtelefon (Abb. 12.17)
- varix S 5/2 als Komforttelefon,
- varix S 26V als Datentelefon,
- varix S 28 als Komforttelefon,
- varix SD 34 als Komforttelefon,
- varix pct 3 als ISDN-Mehrdienste-Endgerät.

155

11 Nebenstellenanlagen

Abb. 11.15: Das System-Standardtelefon varix S 5/1 von DeTeWe

Die TK-Anlage „varix content 840"

DeTeWe bietet diese Anlage für mittlere bis größere Unternehmen an. Sie ist auf Grund des Baukastenprinzips von 10 bis 840 Ports stufenlos ausbaufähig. Sie kann über analoge Wählanschlüsse an herkömmliche VSt (a/b-Schnittstelle) oder über die X.21-Schnittstelle an das ISDN angeschlossen werden. Weiterhin stehen noch die ISDN-Universalanschlüsse S_O und S_{2M} zur Verfügung *(Abb. 11.16)*. An Schnittstellen für die Teilnehmerseite zum Anschluß der Endgeräte sind vorhanden:

- a/b-Anschluß für analoge Endgeräte,
- X.21-Schnittstelle für Textkommunikation,
- U_{200}-Schnittstelle zum Beispiel für das digitale Komforttelefon varix S28 oder für das Datentelefon varix S26V,
- S_O- und U_{PO}-Schnittstelle für ISDN-Komfortendgeräte.

Die TK-Anlage „octopus 180i"

Diese Anlage, die von der Telekom vertrieben wird, ist ebenfalls in Stufen ausbaufähig und für kleine bis größere Unternehmen anwendbar (Hotels, Mehrdienstenutzer, Unternehmen mit mehreren Standorten). Sie kann von 2 Amtsleitungen mit 8 Nebenstellen (als Grundausstattung) bis zu 50 Amtsleitungen mit 300 Endgeräten ausgebaut werden. Schon die Grundausstattung beinhaltet eine Abfragestelle. Das ist ein erwei-

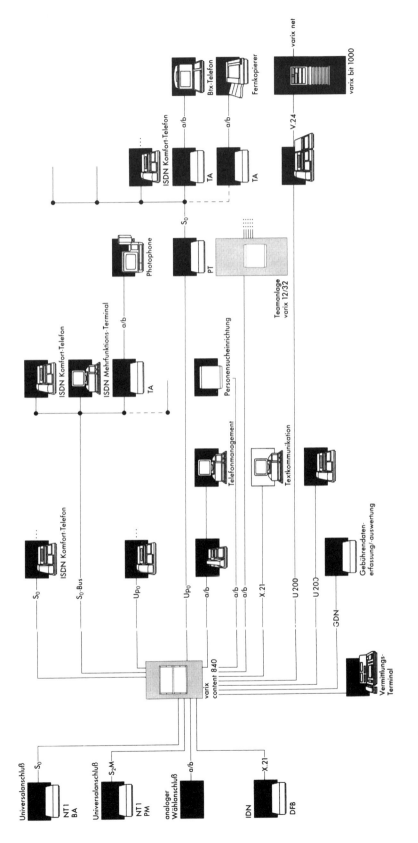

Abb. 11.16: Systemstruktur der TK-Anlage „varix content 840" von DeTeWe

11 Nebenstellenanlagen

terter Telefonapparat mit einer Anzeige für die einzelnen Anschlüsse. Am ISDN ist die Durchwahl zu den Endgeräten hin möglich. Die octopus 180i hat Zugang zum analogen Telefonnetz über herkömmliche Wählanschlüsse und über Universalanschlüsse Zugang zum ISDN.

Als Systemtelefon wird das octophon 50 eingesetzt. Die octopus 180i arbeitet aber auch mit allen analogen Endgeräten zusammen (a/b-Schnittstelle). Somit können im In-Haus-Betrieb analoge und digitale Telefone und Endgeräte nebeneinander betrieben werden.

Das TK-System „8818"

Siemens-Nixdorf stellt dieses System in drei Modellen her:

- Modell S bis zu 120 Ports,
- Modell M bis zu 800 Ports, und
- Modell L bis zu 4400 Ports.

Damit ist es für fast jede Unternehmensgröße und Organisationsstruktur einsetzbar. Denn alle Modelle arbeiten mit gleicher Software und mit identischer Hardware.

Als Systemtelefone stehen drei Telefonfamilien *(Abb. 11.17)* zur Verfügung, und zwar die

- Logofone als analoge Telefone (Basismodell, Mobiltelefon und Komfortmodell),
- Digifone als digitale Telefone (Basis-, Solo- und Komfortmodell),
- Digifone mit ISDN-Schnittstellen bringen den Zugang zum öffentlichen Netz (Modelle Solo/2, Standard und Comfort/2).

Die Telekom vertreibt das System 8818 unter dem Namen *octopus 8818*. Auch hier sind die einzelnen Modellvarianten:

- octopus S (bis 120 Ports),
- octopus M (bis 800 Ports),
- octopus L (bis 4400 Ports).

Die Systemtelefone für das octopus 8818-System tragen die Bezeichnung *octophone*.

Die TK-Anlage „Integral 2 Hybrid"

Diese TK-Anlage für einen Ausbau bis zu max. 48 Ports wird von Telenorma angeboten. Sie ist geeignet für kleinere bis mittlere Unternehmen, wie Hotels, Reisebüros, Maklerund Rechtsanwaltbüros, um nur einige Anwendungsbereiche zu nennen.

11.8 Moderne Telekommunikationsanlagen

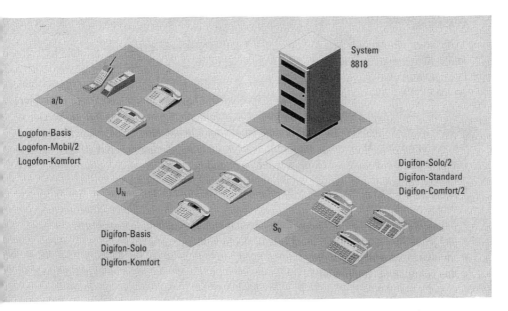

Abb. 11.17: Das System 8818 mit den drei Telefonfamilien

Als Systemtelefone werden für diese TK-Anlage die Modelle TE 92 *(Abb. 11.18)* und TK 92 eingesetzt.

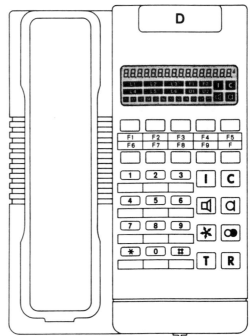

Abb. 11.18: Das Tastenfeld des Systemtelefon TE 82 von Telenorma

11 Nebenstellenanlagen

Die TK-Anlage „Integral 30"

Mit dieser Anlage können alle Vorteile des ISDN sowohl öffentlich als auch im In-Haus-Bereich genutzt werden. Die Anlage ist modular von 4 bis 32 ISDN-Ports ausbaubar. Pro digitalem Port stehen zwei Nutzkanäle und ein Signalisierungskanal (B+B+D) zur Verfügung. Sind S_0-Ports eingerichtet, so können pro Port bis zu vier Telefone und bis zu vier andere Endgeräte angeschlossen werden. Im Vollausbau können bis zu 96 Endgeräte adressiert werden, davon können bis zu 56 Endgeräte aus der TK-Anlage Integral 30 gespeist werden. *Abb. 11.19* zeigt eine mögliche Struktur der Integral 30. Als Systemtelefone werden verwendet:

- die ISDN-Telefone TE 93.23 mit S_0-Schnittstelle für den 4adrigen Anschluß an den S_0-Bus,
- das Telefon TE 93.13 mit U_{PO}-Schnittstelle für den 2adrigen Anschluß,
- das Vermittlungstelefon VE 93 mit Bildschirmterminal VT 320,
- die analogen Telefone T 91, TC 91, TE91,
- das schnurlose Telefon SLT 3.

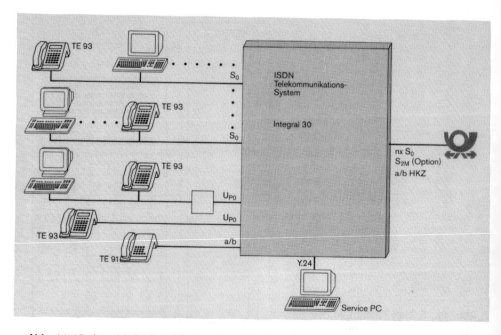

Abb. 11.19: Anschlußmöglichkeiten der TK-Anlage Integral 30 von Telenorma

11.8 Moderne Telekommunikationsanlagen

Die TK-Anlage „HCS 410"

Die Firma Hagenuk bietet diese Anlage für 2 ISDN-Basisanschlüsse oder vier analoge Amtsleitungen bei maximal 10 Nebenstellen an *(Abb. 11.20)*. Sie ist besonders für kleine Unternehmen geeignet. Als Systemtelefone werden verwendet:

- toptec 2000 als Standardtelefon,
- toptec 2100 als Komforttelefon,
- toptec 2110 als analoger Systemapparat mit anschließbarem Rufnummerngeber,
- toptec 2092 für 58 Rufnummern.

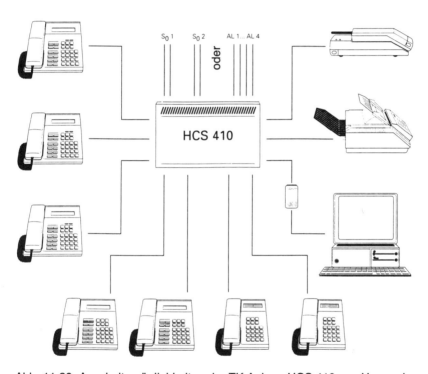

Abb. 11.20: Anschaltemöglichkeiten der TK-Anlage HCS 410 von Hagenuk

161

12 Telefax

Das Telefaxen bzw. Fernkopieren ergänzt sich in der heutigen Bürokommunikation vorteilhaft mit dem Telefonieren. Diese beiden Fernmeldedienste sind in ihrer Bedeutung insbesondere für die unternehmerische Geschäftswelt nicht mehr voneinander zu trennen. Der technische Zusammenhang ergibt sich letztlich auch daraus, daß ja bekanntlich der Faxdienst über das bestehende Telefonnetz abgewickelt wird.

12.1 Grundlagen des Fernkopierens

Das Fernkopieren umfaßt das Abtasten und Übertragen unbewegter Bilder mit gleichzeitiger Herstellung einer Kopie des übertragenen Bildes am gewünschten Empfangsort. Deshalb auch die Bezeichnung „Faxen", das abgeleitet ist vom lateinischen Wort „fac simile" und das soviel bedeutet wie „mache ähnlich".

Das Prinzip des Fernkopierens besteht darin, daß die Vorlage punkt- oder zeilenweise durch Licht in einer Leseeinheit abgetastet und in analoge elektrische Signale umgewandelt wird. Ein Codierer bereitet die Bildinformationen entlang einer Abtastlinie digital auf, entfernt die enthaltene Redundanz und leitet sie weiter zum Modem. Im Modem erfolgt die Modulation mit der niederfrequenten Trägerfrequenz (1800 Hz bzw 1700 Hz). Es werden heute zwei verschiedene Modems eingesetzt. Zum einen das Modem nach der CCITT-Empfehlung V.27ter für eine Übertragungsgeschwindigkeit von 2400/4800 bit/s und zum anderen das Modem nach der CCITT-Empfehlung V.29 mit einer Übertragungsgeschwindigkeit von 7200/9600 bit/s. Die Anschalteeinheit paßt das Gerät an die Fernsprechleitung an *(Abb. 12.1)*.

Moderne *Abtastverfahren* tasten von der Vorlage nicht einzelne Bildpunkte sondern ganze Zeilen auf einmal ab. Es sind dies das Abtastverfahren mit einer Fotodiodenzeile und das Direktabtastverfahren.

Bei dem moderneren Direktabtastverfahren wird die Vorlage an der Abtaststelle über die gesamte Breite einer Zeile mit Leuchtdioden beleuchtet *(Abb. 12.2)*.

Das Licht fällt durch winzige Öffnungen der in einer Reihe nebeneinander angeordneten Halbleiter-Kontaktsensoren auf die Vorlage. Von dort wird er reflektiert und

12 Telefax

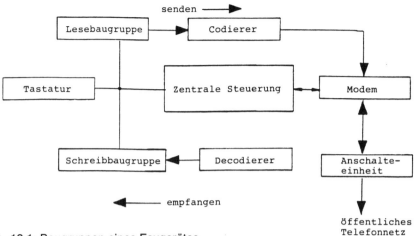

Abb. 12.1: Baugruppen eines Faxgerätes

trifft nach Passieren einer Optik mit kurzer Brennweite im Maßstab 1:1 auf die Reihe der Fotoelemente (1728 Stück entspricht einer Abtastbreite von 216 mm, und das wiederum entspricht dem Format DIN A4). Die in den Fotoelementen entstehende elektrische Ladung ist proportional der eingefallenen Lichtmenge. Die Ladung wird digitalisiert und an einen RAM-Speicher weitergegeben [24].

Beim *Aufzeichnungsverfahren* werden die empfangenen Signale als Bildpunkte auf dem speziellen Faxpapier wieder abgebildet. Das am häufigsten angewendete Verfahren ist das thermosensitive (wärmeempfindliche) Verfahren. Hiernach wird an einem Thermokamm, der aus 1728 Stück in einer Reihe angeordneter Widerstandselementen besteht, die Papiervorlage vorbeigeführt. Ein Matrixschaltkreis steuert die Widerstandselemente des Thermokamms nacheinander an, die sich infolge des Stromdurchflusses erwärmen. Diese Wärme erzeugt in der Farbentwicklungsschicht des Spezialpapieres eine Reaktion, das Papier färbt sich dort schwarz *(Abb. 12.3)*.

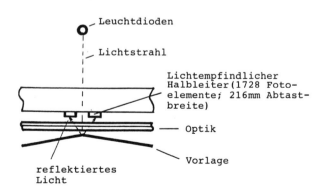

Abb. 12.2: Das Direktabtastverfahren

12 Telefax

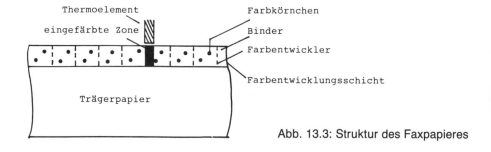

Abb. 13.3: Struktur des Faxpapieres

Wichtig und entscheidend für eine technisch einwandfreie Übertragung einer Faxnachricht ist die *Verständigung* zwischen den beiden Faxgeräten. Das ordnungsgemäße Zusammenarbeiten erfordert das Einhalten und Abarbeiten vorgegebener Programme bzw. Prozeduren. Die Verständigung erfolgt vor der eigentlichen Übertragung durch Übermitteln digitaler Signale zwischen Faxgeräten der Gruppe 3.

Im einzelnen laufen folgende Funktionen bei der *Übertragung* einer Seite ab:
- der Empfänger erkennt das Anschlußkennungssignal des Senders und übermittelt das Rufbeantwortungssignal (CED) mit einer Frequenz von 2100 Hz; damit sind beide Geräte an das Fernsprechnetz angeschaltet.
- der Empfänger sendet nun drei Signale an den Sender:
  a: die Parameterkennung für Sondermerkmale NSF;
  b: die digitale Parametermeldung DIS;
  c: die Kennung der gerufenen Station CSI.
  Die beiden Signale NSF und DIS der Parameterkennung enthalten solche Informationen der Empfangsseite wie die Papierbreite, die Übertragungsgeschwindigkeit, die Druckgeschwindigkeit, die Auflösung, die Teilnehmerkennung usw.
- nach Eingang dieser Empfängerinformationen sendet der Sender gleichfalls seine Parameter NSS als Einstellbefehl für Sondermerkmale und die Teilnehmerkennung TSI der sendenden Station. Diese Signale werden mit einer Geschwindigkeit von 300 bit/s übertragen.
- anschließend wird vom Sender das Trainingssignal TCF nach der CCITT-Empfehlung V.27ter (2400/4800 bit/s) oder V.29(7200/9600 bit/s) ausgesendet.
  Bei diesem Training werden die beiden Geräte einander angepaßt und synchronisiert; die Übertragungsgeschwindigkeit entsprechend des technischen Zustandes der Leitung festgelegt.
- nun meldet der Empfänger mit dem Signal CFR die Empfangsbereitschaft und es beginnt die Übertragung der eingelegten Vorlage.
- nach Übertragungsende wird zum Empfänger das Endezeichen EOP gesendet und der Empfänger quittiert mit dem Signal positive Übertragungsquittung MCF.
- Nach Erhalt dieses MCF-Signals überträgt der Sender den Auslösebefehl DCN, was zur Trennung der Faxverbindung führt. Die Übertragung ist beendet.

12.1 Grundlagen des Fernkopierens

Dieser eben beschriebene Funktionsablauf zwischen zwei Geräten der Gruppe 3 ist in Abb. 12.4 bildlich dargestellt.

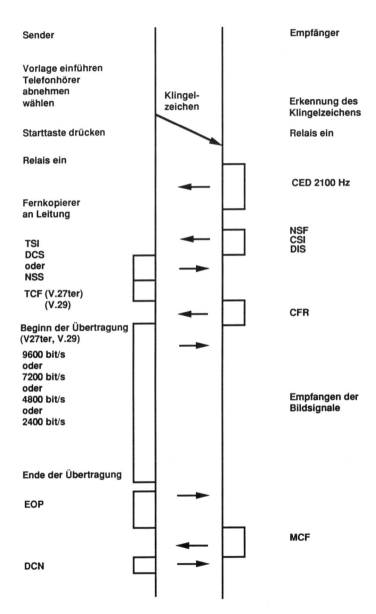

Abb. 12.4: Signalübertragung zwischen Sender und Empfänger bei der Faxübertragung einer Vorlagenseite (nach [25])

12.2 Einteilung der Faxgeräte in Gruppen

Entsprechend der CCITT sind die Faxgeräte international in vier Gruppen eingeteilt. Man unterscheidet sie im wesentlichen nach der Übertragungszeit, die für eine DIN A4-Seite benötigt wird:

Gruppe 1 (6-Minuten-Geräte) mit folgenden Merkmalen:

- Übertragungszeit für eine DIN A4-Seite von 6 Minuten,
- analoge Übertragung,
- vertikale Auflösung von 3,85 Linien je Millimeter.

Faxgeräte der Gruppe 1 werden nicht mehr eingesetzt.

Gruppe 2 (3-Minuten-Geräte) mit folgenden Merkmalen:

- Übertragungszeit für eine DIN A4-Seite von 3 Minuten,
- analoge Übertragung,
- vertikale Auflösung von 3,85 Linien je Millimeter.

Faxgeräte der Gruppe 2 sind nur noch bedingt im Einsatz.

Gruppe 3 (1-Minuten-Geräte) mit folgenden Merkmalen:

- Übertragungszeit bezogen auf einen nach CCITT genormten Standardbrief von ca. einer halben Minute für eine DIN A4-Seite,
- analoge Übertragung eines modulierten digitalen Signals,
- vertikale Auflösung von 3,85 oder 7,7 Linien je Millimeter,
- horizontale Auflösung von acht Bildpunkten je Millimeter.

Faxgeräte der Gruppe 3 sind die z. Zt. am meisten eingesetzten Geräte.

Gruppe 4 (10-Sekunden-Geräte) mit folgenden Merkmalen:

- Übertragungszeit von ca. 10 Sekunden für eine DIN A4-Seite,
- digitale Übertragung im ISDN ,
- Übertragungsgeschwindigkeit von 64 kbit/s,
- Auflösung von ca. 8 bis 16 Punkte je Millimeter.

Verschiedene ergänzende Leistungsmerkmale, wie Scanner, Empfangsspeicher, Abwärtskompatibilität, Fehlerkorrektur ECM, Bedienerruf, Sendeprotokolle, Empfangsjournal, Sendespeicher, zeitversetztes Senden usw. werden von den Geräteherstellern angeboten.

12.3 Beispiele moderner Faxgeräte

Telefax-Gerät FAX-COM 412

Das in *Abb. 12.5* dargestellte Fax-Gerät Com 412 von Bosch ist ein Basisgerät für den universellen Einsatz im Büro und im privaten Bereich.

Abb. 12.5: Das Telefaxgerät FAX-COM 412 von Bosch

12 Telefax

Insgesamt 70 Speicherplätze lassen sich beim FAX-COM 412 mit Teilnehmernummern belegen. Davon sind zehn als schnelle Zielwahltasten ausgelegt. Weitere 60 können in Kombination mit Empfängernamen in ein alphanumerisches Register eingeordnet werden und sind so besonders komfortabel abrufbar. Es werden 16 Graustufen übertragen. Das Gerät besitzt eine Papierschneideeinrichtung.

Telefaxgerät FAX-COM 512

Dieses Faxgerät *(Abb. 12.6)* besitzt 85 Speicherplätze und davon 15 für die schnelle Zielwahl. Rundsendungen an mehrere Partner sind möglich. Es löst Halbton-Bilder in 32 Graustufen auf, korrigiert automatisch Übertragungsfehler und gestattet zeitversetztes Senden.

Die Faxgerätefamilie der Telekom

Die Telekom bietet eine Reihe moderner Fernkopierer der 300er-Serie an. Nachfolgend werden einige vorgestellt.

Abb. 12.6: Das Faxgerät FAX-Com 512 von Bosch

12.3 Beispiele moderner Faxgeräte

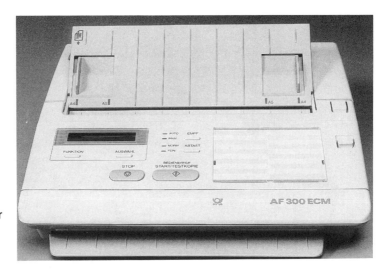

Abb. 12.7: Der Fernkopierer AF 300 ECM von Telekom

Telefaxgerät AF 300 ECM

Dieses Standardgerät ist ein Tischfernkopierer mit automatischer Empfangseinrichtung *(Abb. 12.7)*.

Er ist ausgestattet mit dem ECM-Fehlerkorrekturverfahren (ERROR CORRECTION MODE). Das heißt, treten im Übertragungssystem Fehler auf, so werden diese durch die Korrektureinrichtung eliminiert. Kommunizieren zwei Faxgeräte mit dieser Eigenschaft miteinander, gehören unleserliche Zeilen der Vergangenheit an. Weitere Leistungsmerkmale sind:

Kompatibilität: mit Gerätegruppen 3 und 2;
Auflösung: Standard 3,85 Linien/mm, Fein 7,7 Linien/mm;
Bedienerführung über LCD-Display;
Journalausdruck, Sendebericht, Abrufbetrieb, Bedienerruf, Rückrufmeldung, Lokalbetrieb als Kopierer.

Telefaxgeräte AF 310 und AF 310 T

Der Unterschied zwischen beiden Faxgeräten besteht darin, daß beim AF 310 T ein Telefon im Gerät integriert ist. Es sind Komfort-Geräte der Gruppe 3 mit einer maximalen Übertragungsgeschwindigkeit von 9600 bit/s. Gegenüber dem AF 300 sind folgende zusätzliche Leistungsmerkmale interessant

- Kompatibel mit Geräten der Gruppe 3;
- 16 Graustufen; Automatischer Vorlageneinzug bis 5 Seiten;
- Automatische Wahlwiederholung; Paßwort; Ziel- und Kurzwahlliste; manuelle Vorlagenkontrasteinstellung.

12 Telefax

Abb. 12.8: Das Faxgerät AF 320 TA der Telekom bestehend aus Fernkopierer, Telefon und Anrufbeantworter

Telefaxgerät AF 320 TA

Das Faxgerät AF 320 TA der Telekom *(Abb. 12.8)* integriert drei Endgeräte in einem System

- Fernkopierer,
- Telefon und
- Anrufbeantworter.

Es ist somit ein Mehrdiensteendgerät und schafft damit Platz auf dem Schreibtisch. Es ist besonders für kleine Unternehmen und Selbstständige geeignet.

Telefaxgerät AF 330 TA

Auch dieses Gerät ist ein Mehrdienstegerät bestehend aus Fernkopierer, Anrufbeantworter und Telefon. Es hat zahlreiche Komfortfunktionen wie Anzeige von Uhrzeit und Datum, automatische Umschaltung zwischen Anrufbeantworter und Fernkopierer, Ausdruck einer Kurzwahlliste mit Namen und Rufnummern.

Die Benutzerführung erfolgt über Tastensymbole und ein LC-Display mit 16 Zeichen. Es ist ein Gerät der Gruppe 3 mit einer max. Übertragungsgeschwindigkeit von 9600 bit/s. Die Fehlerkorrektur ECM nach CCITT ist vorhanden.

12.3 Beispiele moderner Faxgeräte

Telefaxgerät AF 350-1

Dieser Fernkopierer ist ein Komfortgerät der Gruppe 3 mit einer Übertragungsgeschwindigkeit von max. 9600 bit/s. Er ist mit der Fehlerkorrektur ECM ausgestattet und besitzt einen Sendespeicher von max. 0,32 MB(entspricht 22 Seiten des Standardbriefes). Der automatische Vorlageneinzug umfaßt 20 Seiten und er besitzt eine automatische und manuelle Vorlagenkontrasteinstellung.

Weitere Funktionen sind: zeitversetzter Abrufbetrieb (mit Gruppen- oder persönlichem Paßwort für maximal 16 Rufe); Rundsenden an bis zu 16 Gegenstellen; Umschaltung zwischen Fernkopierer und Telefon; automatische Wahlwiederholung und Anwahl von Faxzweitnummern im Besetztfall; Programmtasten; zeitversetztes Senden.

Telefaxgerät DF 412

Dieses Faxgerät *(Abb. 12.9)* ist ein Gerät der Gruppe 4, also ISDN-fähig. Die Übertragungsgeschwindigkeit beträgt 64 kbit/s, somit ist die Übertragungszeit für eine A4-Seite nur noch 3 Sekunden. Weitere Leistungsmerkmale sind: fehlerfreie Übertragung mit sehr hoher Auflösung; 64 Graustufen; Kurzwahl für 100 und Zielwahl für 72 Rufnummern; Rundsenden an bis zu 175 Gegenstellen; bis zu 32 Sendezeiten sind wählbar.

Abb. 12.9: Das ISDN-Faxgerät DF 412 der Telekom

12.4 Häufige Begriffe aus der Faxtechnik

Nicht immer kann man, wenn man die Begriffe in den Leistungsmerkmalen oder bei den Funktionsbeschreibungen liest, eindeutig und sofort deren Bedeutung erkennen. Nachfolgend werden deshalb die für den Anwender wichtigsten Begriffe erläutert.

A4-Vorlage

Das ist eine Vorlage im Format DIN A4. Beim Fernkopieren wird grundsätzlich das Format DIN A4 mit der Breite von 210 mm und der Länge (Höhe) von 297 mm übertragen. Unterschieden wird aber zwischen der faxgerätebedingten maximalen Lesebreite oder Abtastbreite und der maximalen Schreibbreite. Die Lesebreite muß mindestens 208 mm betragen. Die Gerätehersteller geben im allgemeinen die Abmessungen der zu verwendenten Vorlagen an. So gibt zum Beispiel die Telekom für ihr Faxgerät AF 330 TA an:

Maximale Abmessungen		Minimale Abmessungen	
Breite:	216 mm	Breite:	148 mm
Länge:	1000 mm	Länge:	148 mm
Dicke:	0,1 mm	Dicke:	0,06 mm

Abruf/Polling/Sendeabruf

Dieses Leistungsmerkmal ermöglicht das Abrufen bzw. Abfordern von Vorlagen anderer Faxgeräte. Diese Vorlagen müssen natürlich vorher in das Faxgerät eingelegt worden sein. Damit Unbefugte diese Vorlagen nicht abrufen können, sind Paß- oder Codewörter zwischen den Partnern zu vereinbaren.

Automatische Schneideinrichtung

Die Schneideeinrichtung schneidet die empfangene Kopie ordnungsgemäß entsprechend der DIN-Größe ab. Auch längere oder mehrseitige Faxe werden normgerecht Blatt für Blatt abgeschnitten.

Abwärtskompatibilität

Drückt die Fähigkeit des Faxgerätes aus, mit einem Faxgerät der nächstniederen Gruppe zusammenzuarbeiten (z. B. Gruppe 4 mit der Gruppe 3).

Auflösung

Ist eine Maßeinheit für die Abtast- oder Wiedergabefeinheit der Faxgeräte. Bei der Gruppe 3 beträgt die Standardauflösung 3,85 Linien je mm und die Feinauflösung

12.4 Häufige Begriffe aus der Faxtechnik

7,7 Linien je mm. Bei der Gerätegruppe 4 wird die Auflösung in Bildpunkten dpi (dots per inch) angegeben. Das ist die Zahl der Bildpunkte je 25,4 mm (Zoll). Sie beträgt z. B. beim Faxgerät DF 412 der Telekom 400 dpi.

Automatische Betriebsweise

Diese Geräte sind Tag und Nacht (24-Stunden-Betrieb) empfangs- und sendebereit, ohne das Bedienpersonal anwesend sein muß. Dabei muß natürlich beim automatischen Senden das Faxgerät mit einer Wahlwiederholung ausgestattet sein.

Bimodales Faxgerät

Ist ein Faxgerät der Gruppe 4 mit einem Gruppe-3-Modul.

Bedienerruf

Mit dieser Funktion kann eine Bedienperson der Gegenstelle nach der Beendigung der Übertragung zum Telefongespräch gerufen werden.

CCD-Zeile

Die CCD-Zeile (Charge Coupled Device) ist die Abtastzeile, die aus 1728 nebeneinander liegenden Photozellen besteht.

Codierung

Die Codierung dient der Verkürzung der Übertragungszeit einer Zeile und damit einer Seite. Die Bildinformationen in Form der Bildpunkte werden entlang einer Abtastzeile digital aufbereitet und von der Redundanz befreit. Man unterscheidet die *eindimensionale Codierung*, bei der Zeile für Zeile codiert wird. Dabei werden Bildpunkte zu einer Gruppe (auch Lauflänge) zusammengefaßt und durch ein Codewort ersetzt. Dieses Codierungsverfahren ist das *MHC = Modified Huffman-Verfahren.*
Eine weitere Verkürzung der Übertragungszeit wird durch die *zweidimensionale Codierung* erreicht. Hierbei wird eine Zeile als Bezugszeile abgetastet und codiert und von den anderen Zeilen werden dann nur noch die Abweichungen festgestellt und codiert. Das ist der *MRC = Modified Read Code.*
Bei den Faxgeräten der Gruppe 4 wird der *MMR-Cod = Modified Modified Read Code* angewendet. Hierbei werden nach dem codieren der Bezugszeile mehrere Folgezeilen zweidimensional codiert.

Digitale Verständigung

Für die Verständigung zwischen den Faxgeräten der Gruppe 3 und 4 untereinander werden digitale Signale verwendet.

12 Telefax

Datenzeile

Am Ende der übertragenen Empfangskopie wird eine sog. Datenzeile mit Angaben über Absender, Datum, Uhrzeit und Seitenzahl abgedruckt.

Fehlerkorrektur ECM

Das Fehlerkorrekturverfahren ECM (Error Correction Mode) wird bei den Faxgeräten der Gruppe 3 angewendet. Danach wird im Sendegerät die zu sendende Seite vorerst in den sogenannten ECM-Speicher eingelesen und in bis zu 256 einzelne Rahmen je Seite aufgelöst und dann im Block übermittelt.

Diese Information wird im Empfangsgerät ebenfalls erst einmal im ECM-Speicher abgelegt. Nun erfolgt die Prüfung und der Vergleich, ob alle Rahmen ordnungsgemäß eingegangen sind. Bei Fehlern wird der Sender automatisch zur Wiederholung aufgefordert.

Fall Back

Das ist die Bezeichnung für das Zurückschalten der Übertragungsgeschwindigkeit bei ungenügender Übertragungsqualität der Telefonleitung.

Gruppenwahl oder Rundsenden

Das ist die Möglichkeit des Absendens eines gleichlautenden Faxes an mehrere Empfänger. Die verschiedenen Rufnummern sind vorher in das Sendegerät einzugeben.

Handshaking

Das ist die engl. Bezeichnung für „Händeschütteln". Mit diesem Ausdruck bezeichnet man den beschriebenen Eingangsdialog zwischen den Faxgeräten, der aus Rufbeantwortung, Festlegen der Geräteparameter, Kennungsaustausch, Training und Aussenden der Empfangsbereitschaft für die Faksimilezeichen besteht.

Journalausdruck

Ein Journalausdruck erfolgt nach einer bestimmten Anzahl (z. B. 20) übertragener Faxe. Dabei werden Angaben über die Absenderkennung, das Datum, die Uhrzeit und die Übertragungsdauer ausgedruckt. Mit dem Journal wird über den Faxbetrieb „Buch geführt".

Kontrasteinstellung

Automatische oder manuelle Möglichkeit, kontrastschwache Vorlagen beim Sendegerät vor der Übertragung auszugleichen.

Kurzwahl

Mit der Eingabe einer meist zweistelligen Kurzwahlnummer wird automatisch eine vorher im Gerät gespeicherte Wahlinformation im Kurzwahlregister aktiviert und das Gerät stellt selbsttätig die Verbindung zum gewünschten Teilnehmer her.

Zielwahl

Auf den Zielwahltasten (Namentasten) kann man Rufnummern fest speichern. Bei Bedarf drückt man eine Zielwahltaste und die Verbindung wird automatisch aufgebaut.

Training

Mit diesem Ausdruck bezeichnet man das Leitungstestverfahren bei den Gruppe 3 — Geräten. Es wird mit der höchsten Übertragungsgeschwindigkeit von 9600 bit/s begonnen. Genügt die Leitung diesen Anforderungen nicht, wird automatisch auf die nächstniedrige (7200, 4800 oder gar 2400 bit/s) zurückgeschaltet (Fall Back).

Sender/Empfängerkennung

Die Kennung im Telefaxdienst beinhaltet bei den Gruppen-3-Geräten die Landeskennzahl, die Ortsnetzkennzahl und die Teilnehmerrufnummer. Bei den Geräten der Gruppe 4 wird eine Buchstabengruppe hinzugefügt.

Zeitversetztes Senden

Mit dieser Funktion kann man Vorlagen zu einer individuell festgelegten Sendezeit übertragen. Hierdurch kann man die günstigeren Tarife nach 18.00 Uhr für den Faxbetrieb ausnutzen.

12.5 Mobil Faxen

Die heutige Gerätetechnik ermöglicht das Herstellen transportabler Faxgeräte *(Abb. 12.10)*.

Mobile Faxgeräte sind für die Anwender gedacht, die viel auf Reisen sind und somit auf den Telefaxdienst aus dem Auto angewiesen sind. Die Verbindung mit dem Mobiltelefon erfolgt entweder direkt wie bei den stationären Geräten oder über Akustikkoppler. Während die Übertragung einer DIN A4-Seite über den Akustikkoppler mit 2400 bit/s bis zu 2 Minuten dauert, kann bei direkter Kopplung (9600 bit/s) die Übertragungszeit auf 25 Sekunden verkürzt werden. Die Stromversorgung im Auto erfolgt

Abb. 12.10: Das mobile Faxgerät „Carryfax" von AEG

wie beim C-Netz-Telefon über den Zigarrenanzünder. *Abb. 12.11* zeigt die Kopplung zwischen Funk- und Telefonnetz beim mobilen Faxbetrieb [13].

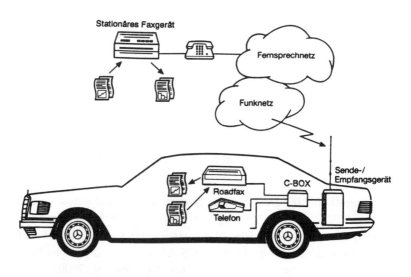

Abb. 12.11: Mit dem Mobiltelefon ist auch mobiles Faxen möglich

13 Bildschirmtext Btx

Bildschirmtext ist ein Informations- und Kommunikationsdienst auf ständig aktuellem Niveau. Er ist sowohl für den geschäftlichen als auch immer mehr für den privaten Bereich nutzbar. Der Nutzen für den Anwender von Btx ist

- Neueste Informationen können sofort abgerufen werden; das betrifft insbesondere solche Bereiche wie aktuelle Zeitungsmeldungen, Börsen- und Wirtschaftsdaten, Datenbanken, Fahr- und Flugpläne, Produktinformationen, amtliche Statistiken, eigenes Girokonto, Telefonverzeichnisse usw., um nur einige zu nennen.
- Man erhält einen Wissensvorsprung durch den sofortigen Zugriff beim Informationsanbieter.
- Durch das Bilden von geschlossenen Anwenderkreisen (Benutzergruppen) werden vertrauliche Informationen nur einem bestimmten Personenkreis zugänglich gemacht. Das betrifft z. B. solche Bereiche wie Buchungs-, Bestell- und Reservierungsabwicklung, Umsatz- und Vertragsdaten, Kundendateien, gültige Konditionslisten, Unternehmensdaten usw. [26].
- Man hat Zugang zu den herstellenden Bereichen. Hier hat man den Vorteil des unmittelbaren Dialogs beim Einkaufen oder Bestellen bei sofortiger Bestätigung der bestellten Ware.
- Es bestehen Diensteübergänge zu Telex und Telefax sowie Cityruf.
- Man hat Verbindungen zu angeschlossenen Datenverarbeitungsanlagen.

Der von der Telekom verwendete Btx-Standard entspricht dem Set 1 des „European Videotex Standard" nach der CEPT-Empfehlung T/CD 6-17. Dieser Standard wird auch in Dänemark, in der Schweiz, Österreich und in den Niederlanden angewendet. Andere europäische Länder haben vergleichbare oder ähnliche Standards nach der CEPT-Empfehlung gewählt, zu denen aber Netzübergänge bestehen. Auch die Bezeichnung ist unterschiedlich. So heißt der Bildschirmdienst in

Frankreich: Teletel,

Niederlande: Viditel,

Österreich: Bildschirmtext wie in Deutschland,

Schweiz: Videotex,

Luxemburg: Videotex,

England: Prestel.

13 Bildschirmtext Btx

Der Unterschied zu den anderen Textdiensten ergibt sich aus nachfolgender Zusammenfassung der wichtigsten Merkmale aus Anwendersicht:

Btx: Nutzung von Datenbanken von bereits über 3000 Firmen (ansteigend); an andere Btx-, Telex- und Telefaxteilnehmer können kurze Texte gesendet werden; es können zu anderen Rechnern Daten übermittelt werden. In Deutschland gibt es ca. 300 000 Teilnehmer.

Telefax: es können Text- und Bildvorlagen jeglicher Art übermittelt werden. Die Teilnehmerzahl liegt in Deutschland über 700 000 und weltweit über 8 Mill.

Telex: beinhaltet die Textkommunikation (formlos) bei hoher Rechtssicherheit. In Deutschland ca. 150 000, und weltweit etwa 1,3 Millionen Teilnehmer.

Teletex/2: das ist die elektronische Korrespondenz sowohl für Text als auch für Daten mit der Möglichkeit der Weiterverarbeitung. Etwa 17 000 Teilnehmer bundesweit und weltweit ca. 45 000.

Btx ist also eine eigenständige Informations- und Kommunikationsmöglichkeit und bringt dem Anwender immer dann Vorteile, wenn

- mit einer großen Anzahl verschiedener Teilnehmer kommuniziert werden soll,
- aus Datenbanken Informationen abgefragt werden sollen,
- die zu übermittelnde Datenmenge relativ klein ist,
- die erhaltenen Informationen eventuell zur elektronischen Weiterverarbeitung benötigt werden.

13.1 Das Btx-System

Das Btx-System *(Abb. 13.1)* kann man in folgende Hardware-Gruppen einteilen

- Das Btx-Endgerät mit Telefon, Btx-Box und Bildschirm mit Tastatur oder PC als Btx-Endgerät.
- Das Telefonnetz.
- Die regionalen Btx-Netzknoten, bestehend aus den Teilnehmerrechnern (bis zu 6 Stück), den Datenbankrechnern (2 Stück) und den Verbundrechnern (2 Stück). Es gibt z. Zt. in Deutschland 51 regionale Btx-Netzknoten; Die Teilnehmerrechner ermöglichen den Nutzern die Kommunikation über das Telefonnetz. Die Datenbankrechner beinhalten die in den Regionen am häufigsten abgefragten Btx-Seiten (Informationen). Somit brauchen die Teilnehmer nicht zur Leitzentrale durchgeschaltet werden.

13.1 Das Btx-System

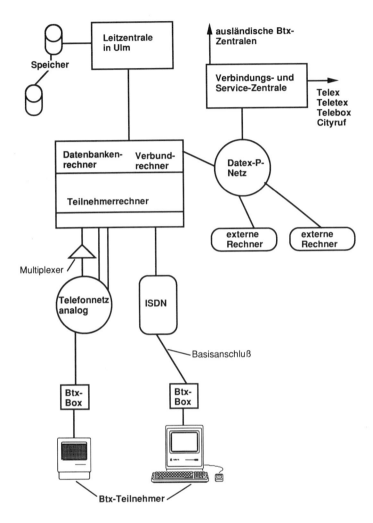

Abb. 13.1: Die Struktur des Bildschirmtext-Systems

- Das Datex-P-Netz. Über dieses Netz stellen die Verbundrechner die Verbindung zu den externen Rechnern der Anbieter her.
- Die Verbindungs- und Service-Zentrale, die für die Diensteübergänge zu Telex, Teletex, Telebox und City-Ruf und außerdem für den Verbund zu den ausländischen Videotextzentralen verantwortlich zeichnet.
- Die Btx-Leitzentrale mit ihren Speichern als Kernstück des Btx-Systems mit dem Standort Ulm.

13 Bildschirmtext Btx

13.2 Endgerätekonfiguration beim Btx-Teilnehmer

Beim Btx-Teilnehmer muß neben dem Telefonanschluß folgende Hardware vorhanden sein:

- die Btx-Anschlußbox. Sie erfüllt die Schnittstellenbedingungen des Telefonnetzes, realisiert selbstständig den Verbindungsaufbau zum Btx-Netzknoten, stellt die Identifikation zwischen Teilnehmerrechner und Anschlußkennung her, ist Decoderschnittstelle zum Btx-Endgerät und moduliert und demoduliert die zwischen dem Endgerätedecoder und dem BtxNetzknoten übermittelten Signale.
- das Btx-Endgerät. Als Endgerät kommt in Frage der Btx-Decoder entweder als selbstständiges Gerät oder als Baugruppe in einem Fernsehgerät integriert und ggf. mit zusätzlicher Tastatur oder auch als multifunktionales Endgerät (z. B. Multitel der Telekom) sowie als PC mit Btx-Decoder (PC-Karte; Software). Das Btx-Endgerät muß den Verbindungs- auf- und Abbau durch entsprechende Zeichengabe an die Btx-Box initialisieren, muß die angeforderten Informationen anzeigen und muß die Benutzerführung realisieren.

Die Gerätekonfiguration mit einem Fernsehempfänger ist im *Abb. 13.2* dargestellt.

Die Btx-Anschlußbox wird durch die Telekom gemeinsam mit der Zugangsberechtigung und der Teilnehmernummer zur Verfügung gestellt. Die Teilnehmernummer setzt sich zusammen aus der Ortsnetzvorwahlnummer und der Fernsprechteilnehmernummer. Will man Btx über den vorhandenen PC betreiben, ist der Einsatz eines Modems vorteilhafter, da mit höheren Geschwindigkeiten gearbeitet werden kann.

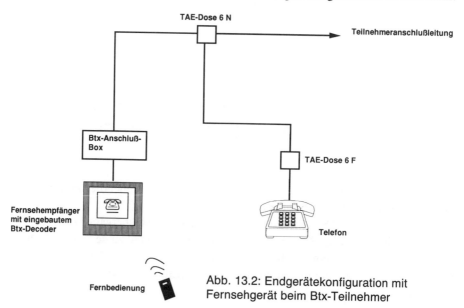

Abb. 13.2: Endgerätekonfiguration mit Fernsehgerät beim Btx-Teilnehmer

13.3 Zugang zum Btx-Dienst

Der Zugang kann sowohl über das analoge Telefonnetz als auch über ISDN erfolgen.

Der Standardzugang erfolgt über eine bundesweit einheitliche Rufnummer 190 und ggf. 01910. Diese Rufnummer wird von der Anschlußbox automatisch angewählt (Automatikwahl mit der Anschlußbox DBT-03 der Telekom) und nach erfolgter Verbindung die Anschlußkennung ausgesandt. Die Übertragungsgeschwindigkeit beim Standardzugang beträgt 1200/75 bit/s (Empfangen/Senden).

Für höhere Übertragungsgeschwindigkeiten wurden weitere Btx-Zugänge geschaffen. Sie sind über andere Rufnummern erreichbar. Teilnehmer mit modernen Anpassungseinrichtungen (Modems) können diese schnellen Zugänge wählen. Die einzelnen Zugangsmöglichkeiten für Btx sind:

- Zugang mit Übertragungsgeschwindigkeiten von 75 bit/s (Senden) und 1200 bit/s (Empfangen):
  Rufnummer des Btx-Zuganges: 190 (ggf.01910);
  Anpassungseinrichtung: Anschlußbox DBT-03
  Modem MDB 1200-05
  Modem MDM 1200-05

- Zugang mit Übertragungsgeschwindigkeiten von 1200/1200 bit/s:
  Rufnummer des Btx-Zuganges: Ortsnetzkennzahl + 19300
  Anpassungseinrichtung: Modem MDM 2400-11
  Modem MDG 2400-11

- Zugang mit Übertragungsgeschwindigkeiten von 2400/2400 bit/s:
  Rufnummer des Btx-Zuganges: Ortsnetzkennzahl + 19304
  Anpassungseinrichtung: Modem MDG 19K2-31
  Modem MDM 2400-11

- Zugang über ISDN mit Übertragungsgeschwindigkeiten von 64000/64000 bit/s:
  Rufnummer des Btx-Zugangs: Ortsnetzkennzahl + 19306
  Anpassungseinrichtung: ISDN-fähiger Btx-Decoder notwendig.

- Zugang über Datex-J: 01910 zum Ortstarif.

Nach erfolgreicher Btx-Verbindung und freundlicher Begrüßung auf dem Bildschirm wird eine Gesamtübersicht und Suchhilfen angeboten. Nun kann man je nach Bedarf und Interesse auswählen. Dabei ist es nicht verkehrt, stets ein Blick für die Gebührenanzeige oben rechts übrig zu haben.

Alle Btx-Seiten sind numeriert und man kann sie durch die Eingabe von * Nummer # anwählen.

13 Bildschirmtext Btx

Eine kleine Auswahl interessanter Btx-Anwendungen und Btx-Anbieter ist nachfolgend aufgeführt:

Das elektronische Telefonbuch ETB

Hierüber können alle bundesdeutschen Teilnehmerrufnummern im Dialog abgefragt werden. Auch sind die gewerblichen Telefonteilnehmer aus allen Branchentelefonbüchern (Gelbe Seiten) erfaßt und abrufbar. Man erhält nicht nur die Rufnummer des Teilnehmers, sondern auch dessen Anschrift.

Das elektronische Telefaxverzeichnis EFAX

In diesem Verzeichnis sind alle Faxteilnehmer Deutschlands erfaßt. Der Vorteil des elektronischen Telefonbuches und des elektronischen Faxverzeichnisses liegt in der ständigen Aktualität begründet; denn bekanntlich erscheinen die gedruckten amtlichen Telefon- und Faxverzeichnisse nur einmal jährlich.

Fahrplan der Bundesbahn

Tag und Nacht kann man kostenlos Informationen über Zugverbindungen einholen.

Flugverbindungen

Hier erfährt man alles über die Flüge der Lufthansa.

Wirtschafts- und Börseninformationen

Aktuelle Anlagenempfehlungen auch für den Privatanleger werden angeboten. Die aktuellen Börsenkurse sind abrufbar.

Btx-Kontenführung

Zu jeder Zeit kann man den aktuellen Stand seines Girokontos abfragen und ebenso Tag und Nacht Überweisungen tätigen.

Reiseinformationen

Fast alle Reisebüros bieten ihre touristischen Informationen über Btx an. Das Buchen einer Reise über Btx spart Zeit und auch oft Geld.

Telesoftware

Für Computerfans werden ständig kleine und Hilfsprogramme insbesondere von Computerfachzeitschriften angeboten. Ist man als Computernutzer Btx-Teilnehmer, kann man auf einfache Weise diese Telesoftware laden.

Btx-Datenbanken

Es stehen eine Unmenge Datenbanken für Jedermann zur Verfügung, z. B. Automarkt, Preise Gebrauchtwagen, Literatur, Wirtschaft, Sport . . . usw.

Warenbestellungen über Btx

Bestellungen von Waren z. B. der Versandhäuser kann bequem über Btx erfolgen.

Zeitung über Btx

Informationen aus den großen Tageszeitungen oder der Nachrichtendienste sind jederzeit abrufbar.

13.4 Multifunktionale Endgeräte für Btx

Als Btx-Endgeräte können je nach Verwendungszweck folgende benutzt werden:

- der Btx-taugliche Fernsehempfänger,
- der Personalcomputer,
- das Büroterminal,
- das multifunktionale Telefon MultiTel (Endgerät für Telefon und Btx)
- das multifunktionale Telekommunikationsterminal MultiKom (Endgerät für Telefon mit Wählhilfen und für Btx).

Von den beiden letztgenannten multifunktionalen Geräten werden von der Telekom angeboten:

Das MultiTel 12: Telefon und Btx mit schwarz/weiß-Monitor
Das MultiTel 41: Telefon und Btx und Datenendgerät mit Farbmonitor
Das Multikom L: Btx-Endgerät mit schwarz/weiß-Monitor und Wählhilfe
Das Multikom S: Btx-Endgerät mit schwarz/weiß-Monitor und Wählhilfe

Als Beispiel soll das Multikom S näher beschrieben werden:

Das Multikom S besteht konstruktiv aus drei Teilen, dem Monitor, der Tastatur und dem Monitorfuß. Es ist ein Btx-Endgerät und besitzt eine komfortable Wählhilfe für das nachgeschaltete separate Telefon. Die Btx-Box ist im Gerät integriert. Das Multikom S unterscheidet zwischen drei Betriebsarten:

- Betriebsart Btx,
- Betriebsart Telefondienst als Wählhilfe für das zugehörige Telefon,
- Betriebsart Lokalmodus (Registererstellung, Speicherung usw.).

13 Bildschirmtext Btx

Die wesentlichsten Leistungsmerkmale des MultiKom S sind:

- Es ist eine Zusatzeinrichtung für den Zugang zum Btx-Dienst;
- 10" Schwarz/weiß-Monitor mit abgestzter alphanumerischer Tastatur mit 80 Zeichendarstellungen und Fenstertechnik;
- off-Line Telex- und Btx-Mitteilungen-Vorbereitungsmöglichkeit;
- Speichermöglichkeiten für Btx-Seiten und Btx-Seitennummern;
- Texterstellung zum Briefschreiben bis 3 Seiten;
- Makro mit Lernmodus (Makro ist das Zusammenfassen von mehreren Tastenbetätigungen zu einer Befehlsfolge);
- Paßwort;
- Schnittstellen für V-24-Modem,
  für V-24-Drucker,
  für Centronix-Drucker.

Das MultiKom S ist als Zusatzeinrichtung vor das Telefon zu schalten *(Abb. 13.3)*.

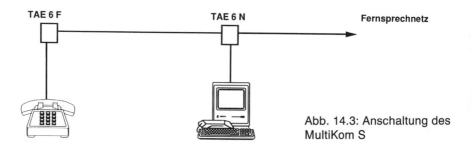

Abb. 14.3: Anschaltung des MultiKom S

14 Telekommunikation über Satellit

Die Telekommunikation über Satellit ist schon technischer Alltag geworden. Das Führen von Telefongesprächen, das Übermitteln von Daten nach Übersee oder der Empfang von Fernseh- und Hörfunkprogrammen ist nichts außergewöhnliches mehr. Dabei ist die erste Fernsehübertragung zwischen Amerika und Europa über Satellit gerade 30 Jahre her (am 23.7.1962 über „Telstar").

Viele Begriffe, wie zum Beispiel „DASAT", „EUTELSAT", „INTELSAT", „VSAT", „IMMERSAT", „DAVID", „NASAT", „DIVA", „SAVE" usw. sind in der Vergangenheit geprägt worden. Selbst der Insider muß heute überlegen, was sich hinter all diesen Begriffen verbirgt. Es wird deshalb versucht, dem geneigten Leser in diesem Abschnitt die Vielfalt der Satelliten-Kommunikation verständlich näher zu bringen.

14.1 Historischer Rückblick

In seinem Artikel „Die Zukunft der Weltkommunikation" veröffentlichte 1945 der britische Wissenschaftler Arthur C. Clarke eine Idee, daß man mit drei Satelliten, die gleichmäßig über dem Äquator positioniert sind, den ganzen Erdball über Funk mit Nachrichten versorgen kann. Die Satelliten müßten sich allerdings als Bedingung auf einer ganz bestimmten Umlaufbahn, in 36000 km Höhe befinden, wo sie die Erdumdrehung exakt mitvollziehen. Von der Erde aus stehen diese Satelliten praktisch still an einem Punkt.

Zwischen dieser Idee und der technischen Realisierbarkeit standen damals Welten. Es war noch Utopie. Weder gab es Satelliten noch Raketen, die von der Erde in solche Höhen vorstoßen konnten. Aber es war auch eine Herausforderung an die Wissenschaft und Technik. Und sie hat diese Herausforderung angenommen.

1957 schickten die damalige Sowjetunion und schon 3 Monate später die USA ihre ersten künstlichen Erdtrabanten auf eine Umlaufbahn um die Erde. 1960 brachten die Amerikaner die ersten Nachrichten-Satelliten Echo I und Echo II in eine Umlaufbahn in 1000 km Höhe. Es waren metallbedampfte, im Weltraum entfaltete Ballons mit 30 m Durchmesser, die als Reflektoren für die Funkwellen dienten.

14 Telekommunikation über Satellit

Erst die Entwicklung der Solarzellen ermöglichte den Einsatz aktiver Satelliten mit Empfangseinrichtungen, Verstärkern, Frequenzumsetzern und Sendern. Ein solcher Satellit war der TELSTAR, mit dem 1962 die erste öffentliche Fernsehübertragung von den USA nach Europa stattfand.

Und 1965 wird der berühmte „Early Bird" (später INTELSAT I) als erster Satellit auf die geostationäre Umlaufbahn in 36000 km Höhe plaziert, dem sogenannten Orbit. Der Funkkontakt zwischen Europa und den USA wird nun nicht mehr unterbrochen. Heute sind über 5000 Satelliten im All und erfüllen die verschiedensten Funktionen.

Aber nur über 100 sind exakt auf dem geostationären Orbit geparkt und dienen der Übertragung von Telefongesprächen, Fernsehprogrammen, Hörfunkprogrammen, Videokonferenzen, Daten- und Textübertragung [27].

14.2 Intelsat

1964 gründeten 10 Nachrichtenverwaltungen zusammen mit der amerikanischen COMSAT die internationale Satelliten-Organisation INTELSAT. Die Bundesrepublik, vertreten durch die Deutsche Bundespost, war Mitglied der ersten Stunde.

INTELSAT I wurde der Satellit „Early Bird", der 240 Ferngespräche oder einen Fernsehkanal übertragen konnte. Für die Verkehrsbeziehung Europa — USA standen damals 75 Telefonkanäle zur Verfügung.

Das Programm **INTELSAT II** realisierte die Idee von A. Clark und stationierte erstmals 3 Satelliten über dem Atlantik, dem Pazifik und dem Indischen Ozean. Dieses weltumspannende Nachrichtensystem wird auch heute so noch angewendet. Die Satelliten werden jedoch immer leistungsfähiger.

Die Generation **INTELSAT V** kann schon 15000 Telefongespräche und zwei TV-Kanäle übertragen. Inzwischen sind mehr als 10 Satelliten dieses Typs im All.

Und die Generation **INTELSAT VI** besitzt eine Kapazität von 33000 Fernsprechkanälen.

INTELSAT erlaubt somit das Telefonieren mit jedem Land der Erde. Etwa 70 Prozent der interkontinentalen Gespräche werden schon über Satellit geführt.

Als Funkgegenstellen sind zum Senden und Empfangen der Satellitensignale **Erdfunkstellen** erforderlich. In Deutschland sind es die Erdfunkstellen

- Raisting in Oberbayern,
- Usingen in Hessen,
- Fuchsstadt in Unterfranken,

- Berlin,
- Hameln.

Über große Parabol-Spiegel als Richtantennen wird gleichzeitig aber mit unterschiedlichen Frequenzen im Gigahertzbereich von 4-6 GHz und 11-14 GHz gesendet und empfangen. Heute sind über 160 Länder der Erde mit über 300 Erdfunkstellen an INTELSAT angeschlossen. Mit den im Orbit stehenden INTELSAT-Satelliten sind derzeit insgesamt über 80000 Telefonverbindungen gleichzeitig möglich. Jedes Land mietet oder kauft je nach Bedarf entsprechende Übertragungskanäle = Transponder eines Satlliten.

Die INTELSAT-Organisation umfaßt inzwischen 112 Mitgliedstaaten.

14.3 Eurosat

Analog zu INTELSAT wird 1983 in Europa die Organisation EUROSAT(European Communications Satellite Organization) mit 26 Mitgliedsstaaten gegründet. Sie ist Betreiber der ECS-Satelliten, die zwar ursprünglich für die Telefon- und Datenübertragung ausgelegt waren, heutzutage jedoch hauptsächlich für die Einspeisung von Fernsehprogrammen in die Breibandverteilnetze eingesetzt sind. Der EUTELSAT I

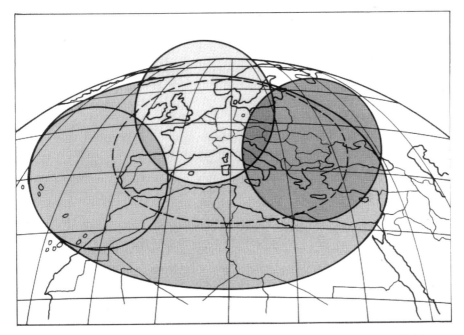

Abb. 14.1: Ausleuchtzonen des EUTELSAT I Satelliten (ECSS-2); Quelle: Telekom

14 Telekommunikation über Satellit

Satellit (ECS-2) sendet die Signale über 3 sehr extrem bündelnde Spotantennen als Atlantik-, West- und Ostbeam (Beam=Ausleuchtzone) und über zwei elliptisch bündelnde Antennensysteme als Eurobeam und SMS-Beam (speziell für Datenverkehr und Videokonferenzen gedacht) zur Erde *(Abb. 14.1)*.

14.4 Der Fernmeldesatellit Kopernikus

Der Fernmeldesatellit Kopernikus ist ein rein deutscher Satellit. Eigentümer ist die Deutsche Bundespost. Er ist geeignet für den Fernsprechverkehr, für schnelle Datenübertragung, farbiges Fernkopieren, Verbindung von Rechnern und Rechenzentren, Ferndrucken und Ferngravur, Bewegt- und Festbildübertragung sowie Videokonferenzen. Weiterhin wird er genutzt zum Einspeisen von Fernseh- und Hörrundfunkprogramme in die Kabelnetze der Telekom. Die Kapazität des Kopernikus ist ausgelegt für das gleichzeitige Übertragen von 2000 Telefongesprächen, 7 Fernsehprogrammen mit Stereoton sowie 2x60 Mbit/s für neue Dienste. Außerdem steht ein Transponder mit 90 Mbit/s zur Erschließung des neuen Frequenzbereiches 20/30 GHz für den Satellitenfunk zur Verfügung. Die Ausleuchtzone des Fernmeldesatelliten Kopernikus zeigt *Abb. 14.2*.

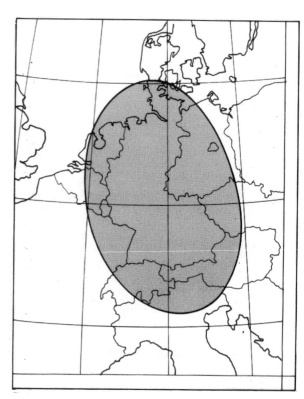

Abb. 14.2: Ausleuchtzone des Fernmeldesatelliten Kopernikus;
Quelle: Telekom

14.5 Satelliten im Vergleich

Um sich über die Größenordnung und über die Kapazitäten von Satelliten ein Bild machen zu können, sind nachfolgend einige Daten von vier Satelliten angegeben:

Fernmeldesatellit DFS Kopernikus

Eigner:	Deutsche Bundespost
Übertragungskapazität:	5 TV-Kanäle für Programmverteilung
	2 TV-Kanäle für Programmaustausch
	2x60 kbit/s für Datenübertragung und neue Dienste
	2000 Telefongespräche gleichzeitig
	1 Transponder für 20/30 GHz
Spannweite der Solarflügel:	15,4 m
Gewicht beim Start:	1400 kg
Gewicht im Orbit:	841 kg

Fernmelde-Satellit EUTELSAT I (ECS-2)

Eigner:	European Telecommunication Satellites Organization
Übertragungskapazität:	9 TV-Kanäle für Programmverteilung oder
	12000 bis 15000 Telefongespräche
Spannweite der Solarflügel:	13,8 m
Gewicht beim Start:	1175 kg
Gewicht im Orbit:	700 kg

Fernmeldesatellit INTELSAT V-A

Eigner:	International Telecommunication Satellites Organization
Übertragungskapazität:	15000 Telefonkanäle und
	2 TV-Programme
Spannweite der Solarflügel:	15,59 m
Gewicht beim Start:	2140 kg
Gewicht im Orbit:	1100 kg

Rundfunk-Satellit TV-SAT

Eigner:	Deutsche Bundespost
Übertragungskapazität:	5 TV-Programme, davon 1 Kanal für
	16 digitale Hörfunkprogramme
	Direktempfang für jedermann
Spannweite der Solarflügel:	19,2 m
Gewicht beim Start:	2077 kg
Gewicht im Orbit:	1268 kg.

14.6 Innerdeutsche Satelliten-Dienste

Zur Sicherstellung der Kommunikationsbeziehungen zwischen den alten und neuen Bundesländern nach der Wiedervereinigung wurden durch die Telekom kurzfristig fünf Satelliten-Kommunikations-Dienste bereitgestellt. Diese Dienste haben wesentlich zum raschen Aufbau der Verwaltungen und zur schnellen Entwicklung verschiedener Infrastrukturbereiche beigetragen. Die Übertragungen werden im wesentlichen über die Satelliten Kopernikus und Eutelsat geführt.

DASAT:

DASAT heißt Datenübermittlung über Satellit. Neben den schon bestehenden Stationen in den alten Bundesländern wurden kurzfristig fünf Stationen in Erfurt, Leipzig, Dresden, Magdeburg und Rostock aufgebaut und in Betrieb genommen *(Abb. 14.3)*. Mit DASAT sind sowohl Punkt zu Punkt als auch Punkt zu Mehrpunkte-Verbindungen möglich.

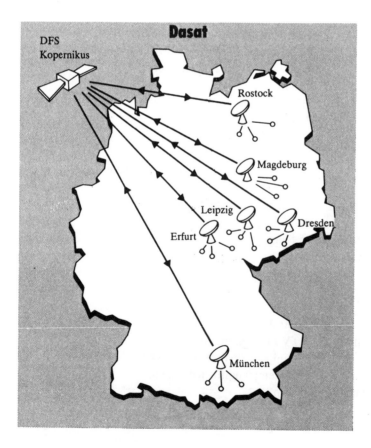

Abb. 14.3: Die DASAT-Erdfunkstationen in den neuen Bundesländern (nach [13])

14.6 Innerdeutsche Satelliten-Dienste

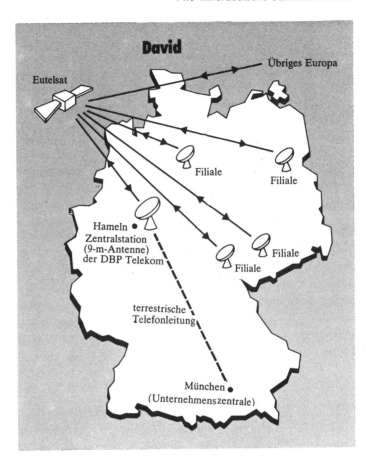

Abb. 14.4: Der DAVID-Dienst mit der Zentralstation in Hameln (nach [13])

Der DASAT-Dienst bietet transparente Übertragungsgeschwindigkeiten von 64 kbit/s bis 1920 kbit/s an. Die Punkt- zu Punkt-Verbindungen sind sowohl simplex als auch duplex möglich. Leistungsmerkmale wie Bitfehlerkorrektur (FEC) und geschlossene Benutzergruppe (CUG) werden angeboten.

DAVID:

DAVID steht für Direkter Anschluß zur Verteilung von Nachrichten im Datensektor. Der DAVID-Dienst ist besonders für solche Anwender geeignet, die von einer Zentrale aus mit mehreren nachgeordneten Filialen kommunizieren wollen *(Abb. 14.4)*.

Der David-Dienst ermöglicht das Sammeln, Verteilen und Austauschen von Daten, die von einer zentralen Erdfunkstelle in Hameln aus per Satellit an eine beliebige Anzahl von kleinen Teilnehmerstationen übertragen werden. Man spricht hier vom *Satelliten-Verteildienst VSAT*. Es sind Übertragungsgeschwindigkeiten von 300 bis

64000 bit/s möglich. Die Empfangs- und Sendeantennen haben einen Durchmesser von 1,8 m und werden beim Kunden eingerichtet.

DIVA:

DIVA steht für *Direkte Verbindungen über Ausnahmehauptanschlüsse*. Dieser Dienst wurde aufgrund der nicht in ausreichendem Maße vorhandenen Telefonanschlüsse in den neuen Bundesländern eingerichtet. Ein DIVA-Anschluß ist somit ein Telefonanschluß, der in den neuen Ländern in Betrieb ist aber über Satellit an das öffentliche Fernsprechnetz in den alten Bundesländern geschaltet ist.

NASAT:

NASAT steht für *Nebenstellen-Analogverbindungen über Satellit*. Es ist ein zusätzliches Leistungsmerkmal zur Sprachkommunikation innerhalb des DASAT-Netzes und ermöglicht Wählverbindungen zwischen durchwahlfähigen Nebenstellenanlagen. Somit kann jede amtsberechtigte Nebenstelle einer Anlage eine Nebenstelle einer anderen Anlage anwählen. Dazu werden die Eingänge der Nebenstellenanlage des Kunden über eine analoge terrestrische Zubringerleitung an die nächstliegende DASAT-Station angeschlossen. Jeder NASAT-Anschluß erhält eine eigene Nummer aus dem Rufnummernvolumen der DASAT-Station

FVSAT:

FVSat steht für *Festverbindungen über Satellit*. Mit diesem Angebot stehen festgeschaltete Verbindungen für Sprache, Text und Daten nun auch über Satellit zur Verfügung. Dabei umfaßt das Angebot analoge Festverbindungen mit 3,1 kHz Bandbreite für den Telefondienst und digitale Festverbindungen mit Übertragungsgeschwindigkeiten von 2400 bis 64000 bit/s.

14.7 Inmarsat

Inmarsat ist die Abkürzung für die *Internationale Maritime Satellitenorganisation* mit zur Zeit über 60 Mitgliedsländern. Sie wurde 1979 gegründet; ihr Sitz ist London.

Inmarsat betreibt ein weltweites Satellitensystem von hoher Zuverlässigkeit und stellt mobile Telekommunikations-Dienste sowohl für den kommerziellen Bedarf als auch für Notfall- und Sicherheitszwecke zur See, in der Luft und auf dem Land zur Verfügung.

14.7 Inmarsat

Die Satelliten der INMARSAT-Organisation sind im geostationären Orbit über dem Atlantischen-, dem Pazifischen- und dem Indischen Ozean geparkt. Sie nehmen die Signale von den mobilen Endgeräten auf und strahlen sie zu einer der in der ganzen Welt verteilten Küsten-Funkstellen ab. Von dort werden sie in die nationalen Telefonnetze weitergeleitet.

INMARSAT-Dienste können von den verschiedensten Anwendern, wie Schiffsbesatzungen, Passagiere, Transport- und Busunternehmen, von Containerdiensten, international arbeitenden Geschäftsleuten, Journalisten, Reportern usw. genutzt werden.

Es wird zwischen den INMARSAT-Diensten A und C unterschieden:

INMARSAT A ermöglicht:

- Telefongespräche,
- Telexübertragung,
- Telefaxübertragung,
- Datenübertragung bis 9600 bit/s mittels Modem,
- Datenübertragung bis 64 kbit/s von der mobilen Anlage,
- Mailboxdienste,
- Seenotverkehr.

Diese Dienste sind Tag und Nacht von fast jedem Punkt der Erde aus verfügbar. Dabei können die mobilen Anlagen von jedem Teilnehmer der öffentlichen Netze angewählt werden und umgekehrt.

INMARSAT C ermöglicht:

- keinen Telefonverkehr,
- Textübertragung im Telexmodus über Zwischenspeicher,
- Datenübertragung bis 600 bit/s (X.25:DATEX-P),
- Textübertragung vom mobilen Endgerät und Ausgabe der Nachricht auf Telefaxgerät,
- Kommunikation von und zu Datenbanksystemen,
- Mailboxdienste (X.400),
- Datenabfrage durch die Zentrale aus dem Bordspeicher,
- Positionsaussendung auf Grund einer Abfrage von der Zentrale des Unternehmens.
- Seenotverkehr *(Abb. 14.5)*

Die Geräte des INMARSAT C-Dienstes sind kleiner und handlicher und wiegen nur ein paar Kilogramm.

14 Telekommunikation über Satellit

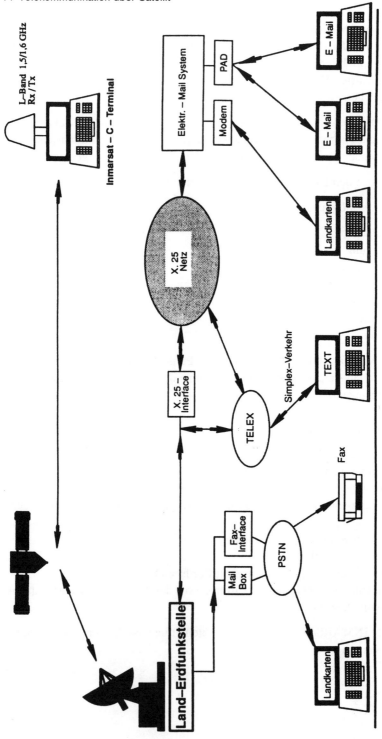

Abb. 14.5: Diensteangebot von INMARSAT C (Quelle: Telekom)

14.8 Flugzeug-Telefone

Auch von Flugzeugen aus kann man in absehbarer Zeit alle Fernsprechteilnehmer, ob fest oder mobil, erreichen. Es wird möglich durch die Nutzung der Satelliten der INMARSAT-Organisation. In Einführung ist bereits das System ,,Skyphon" ab Septem-

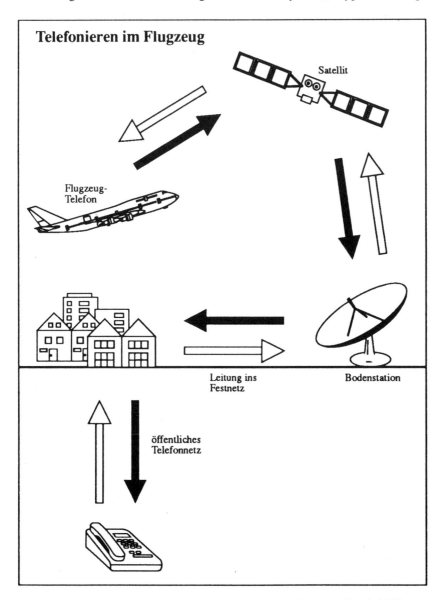

Abb. 14.6: Prinzip des Telefonierens aus dem Flugzeug (nach [13])

ber 1990. Skyphone ist ein Konsortium bestehend aus British Telecom sowie den Fernmeldeverwaltungen von Norwegen und Singapur. Verschiedene Fluggesellschaften, wie British Airways, Cathay Pacific und Quantas, China Air Lines, Finnair, Swissair und alle japanischen Fluggesellschaften sollen den Einsatz von Flugzeugtelefonen planen. Aus *Abb. 14.6* ist das Prinzip des Telefonierens aus dem Flugzeug erkennbar.

15 Rechtsgrundlagen für den Anwender

Mit Inkrafttreten des Poststrukturgesetzes (PostStruktG) am 1.7.89 und die damit verbundene Neustrukturierung des Post- und Fernmeldewesens und der Deutschen Bundespost (Postreform) hat ein grundlegender Wandel in den Rechtsgrundlagen, d. h. in den Kundenbeziehungen zwischen Bürger und Post stattgefunden. Neue Rechtsgrundsätze sind — inzwischen ab 1.1.92 auch für die neuen Bundesländer — gültig und sind letztlich von uns allen zu beachten.

Im wesentlichen handelte es sich bei der Postreform um drei Komplexe:

- Einschränkung des bisherigen umfassenden Fernmeldemonopols des Bundes nur noch auf das **Telefondienstmonopol,**
  das **Netzmonopol** und
  das **Funkanlagenmonopol**;

- Schaffung der drei öffentlichen Unternehmen
  DBP Telekom,
  DBP Postdienst und
  DBP Postbank
  und Übertragung der hoheitlichen Aufgaben auf den Bundesminister für Post- und Telekommunikation, der nicht mehr Bestandteil der Deutschen Bundespost ist;

- Die Rechtsbeziehungen zwischen den o. g. Unternehmen der DBP und ihren Kunden werden von öffentlichem Recht auf privates Recht umgestellt.

Der Unterschied zwischen öffentlichem Recht und privatem Recht besteht darin, daß sich im öffentlichen Recht die Rechtsbeziehungen nach verwaltungsrechtlichen Gesetzen und nach Rechtsverordnungen regeln. Der Staat tritt im öffentlichen Recht als Hoheitsträger gegenüber dem Bürger auf; es besteht zwischen Staat und Bürger ein Zustand der Über- und Unterordnung;

Dagegen herrscht im privatem- oder Zivilrecht grundsätzlich Gleichordnung zwischen den beiden Rechtssubjekten. Für das privatrechtliche Rechtsverhältnis gelten die zivilrechtlichen Gesetze, wie z. B. das BGB [28]. In *Abb. 15.1* sind die Rechtsbeziehungen der Kunden zur Telekom im Monopolbereich ab 1.1.1992 dargestellt.

15 Rechtsgrundlagen für den Anwender

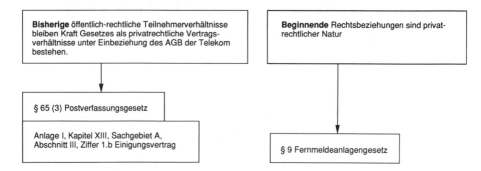

Abb. 15.1: Rechtsbeziehungen der Kunden zur Telekom im Monopolbereich ab 1.1.1992

15.1 Gesetzliche Grundlagen in ganz Deutschland ab 1.1.1992

Folgende gesetzliche Regelungen sind ab 1.7. 1991 in den alten Bundesländern und ab 1.1. 1992 auch in den neuen Bundesländern (allerdings unter Beachtung der erlassenen zusätzlichen Bedingungen) gültig:

- **Postverfassungsgesetz (PostVerfG) vom 8.6.1989.** Das ist das Gesetz für die Unternehmensverfassung der Deutschen Bundespost.
- **Telekommunikationsverordnung (TKV) vom 24. 6. 1991.** Das ist die Verordnung über die Rahmenvorschriften für die Inanspruchnahme von Dienstleistungen des Unternehmens Deutsche Bundespost Telekom.
- **TELEKOM-Datenschutzverordnung (TDSV) vom 24.6.1991.** Das ist die Verordnung über den Datenschutz bei Dienstleistungen der Deutschen Bundespost Telekom.
- **Allgemeine Geschäftsbedingungen (AGB)** der Deutschen Bundespost Telekom vom 1.7.1991.
- **Leistungsbeschreibungen und gültige Tariflisten** der Deutschen Bundespost Telekom vom 1.7.91

15.2 Die Telekommunikationsverordnung

Die *TKV* ist die Rahmenvorschrift, zu denen vom Kunden die Monopol- und Wettbewerbsdienstleistungen der Telekom in Anspruch genommen werden können. Es ist eine privatrechtsgestaltende Verordnung, die der Telekom den Rahmen für die Gestaltung der AGB vorgibt.

15.2 Die Telekommunikationsverordnung

Die TKV gilt für alle Monopoldienstleistungen, also für den Telefondienst, für die Übertragungswege und für die Funkanlagen. Sie gilt jedoch nicht für den Monopolbereich, wenn durch den Bundesminister für Post- und Telekommunikation durch Lizenzvergabe an andere Anbieter dieser Monopolbereich zum Wettbewerbsbereich wird. Beispiel dafür ist das Mobilfunknetz D mit den zwei Anbietern Telekom (D1-Netz) und Mannesmann (D2-Netz). Die TKV gilt auch mit ihren Haftungsbeschränkungen für solche Wettbewerbsdienstleistungen, die durch Übertragungswege der Telekom erbracht werden, wenn der Schaden auf diesen Übertragungswegen verursacht wurde.

In der TKV sind die Begriffe Monopoldienstleistungen, Wettbewerbdienstleistungen, Übertragungswege, Netze, Kunden, AGB usw. definiert und erläutert.

Für den geneigten Leser dieses Buches sind natürlich besonders die beschriebenen Leistungen im Rahmen des *Telefondienstmonopols* interessant.

Hier heißt es im § 23 der TKV unter *Bereitstellung von Anschlüssen*:

,,(1) Im Rahmen des Telefondienstes hat die Deutsche Bundespost TELEKOM dem *Nutzer einen Anschluß des Telefondienstes bereitzustellen* und ihm zu ermöglichen, über diesen Anschluß Verbindungen des Telefondienstes zu anderen Anschlüssen des Telefondienstes herzustellen und entgegenzunehmen. Die Deutsche Bundespost TELEKOM kann über diesen Anschluß auch andere, nicht zu den Monopoldienstleistungen zählende Dienstleistungen erbringen.

(2) Der Anschluß des Telefondienstes ist mit einer Einrichtung zu versehen, die den Abschluß des Netzes der Deutschen Bundespost TELEKOM darstellt. *Diese Abschlußeinrichtung ist an einer mit dem Kunden zu vereinbarenden geeigneten Stelle zu installieren.* Bei Anschlüssen des Telefondienstes an das analoge Netz ist sie in der Form einer *Telekommunikations-Anschluß-Einheit nebst passivem Prüfabschluß* herzustellen.

(3) An die Abschlußeinrichtung können *alle zugelassenen Endeinrichtungen angeschlossen werden*.

(4) Die Deutsche Bundespost TELEKOM ist verpflichtet, einen beantragten Anschluß des Telefondienstes unverzüglich bereitzustellen.

(5) Der Kunde kann verlangen, daß ihm für die einzelnen Telefonverbindungen *Informationen über die anfallenden Entgelteinheiten* zugänglich gemacht werden. Die datenschutzrechtlichen Vorschriften bleiben unberührt."

Die für den Kunden im Rahmen dieses Buches besonders interessanten Schwerpunkte sind vom Autor hervorgehoben.

Der § 28 der TKV regelt die für den Anwender wichtige *Anschalteerlaubnis*:

15 Rechtsgrundlagen für den Anwender

,,(1) *Endeinrichtungen*, die an Abschlußeinrichtungen von Übertragungswegen, Fest- oder Wählverbindungen der Deutschen Bundespost TELEKOM angeschaltet werden, *bedürfen einer Anschalteerlaubnis*, die nach Maßgabe anderweitiger gesetzlicher Regelungen vom Bundesminister für Post- und Telekommunikation oder der von diesem ermächtigten Behörde (zuständige Behörde) erteilt wird. *Die Anschalteerlaubnis beinhaltet die Feststellung, daß die Endeinrichtung zugelassen ist* und die Funktionsweise oder die vorgesehene Verwendung der Endeinrichtung bei einwandfreier Installierung und Wartung dem geltendem Fernmelderecht entspricht (Anschaltebedingungen). *Die Anschalteerlaubnis kann allgemein oder für den Einzelfall erteilt werden. Für einfache Endeinrichtungen* des Telefondienstes *wird eine allgemeine Anschalteerlaubnis erteilt*. Sofern für die anzuschaltende Endeinrichtung keine allgemeine Anschalteerlaubnis besteht, wird sie nach Überprüfung der anzuschaltenden Endeinrichtung (Abnahme) erteilt, wenn die Anschaltebedingungen eingehalten werden.

(2) Die Deutsche Bundespost Telekom ist berechtigt, an die zuständige Behörde solche Informationen weiterzugeben, die notwendig sind, um sicherzustellen, daß die Anschalteerlaubnis beantragt wird."

Auch hier sind für den Anwender wichtige Feststellungen durch den Autor hervorgehoben.

Die TKV vom 24.6.1991 ist veröffentlicht im Amtsblatt der Deutschen Bundespost TELEKOM Nr. 24 vom 8.7.1991. Die unterschiedlichen Vertragsgestaltungen im Monopolbereich zum Wettbewerbsbereich zeigt *Abb. 15.2*.

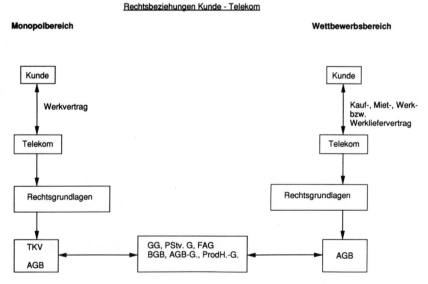

Abb. 15.2: Vertragsgestaltung im Monopol- und Wettbewerbsbereich ab 1. 1. 1992

15.3 Die Telekom-Datenschutzverordnung

In dieser Verordnung wird der Schutz von personenbezogenen Daten der am Fernsprechverkehr teilnehmenden Personen geregelt. Das betrifft die Datenerhebung, die Datenverarbeitung und die Nutzung von Daten für Telekommunikationszwecke über die Bestimmungen des Bundesdatenschutzgesetzes hinaus.

Die TELEKOM-Datenschutzverordnung vom 24.6.1991 ist ebenfalls im Amtsblatt der Deutschen Bundespost TELEKOM Nr. 24 vom 8.7.1991 veröffentlicht.

15.4 Die Allgemeinen Geschäftsbedingungen

Die Allgemeinen Geschäftsbedingungen haben die früher gültige Telekommunikationsordnung TKO abgelöst. Mit dem Übergang zum privatem Recht verhält sich die Telekom gegenüber ihren Kunden genauso wie jeder andere Geschäftsmann; das heißt, ein Vertrag kommt nunmehr durch eine übereinstimmende Willenserklärung zwischen Kunde und der Telekom zustande und nicht mehr wie früher durch einen Antrag des Kunden und dessen amtliche Genehmigung.

Die Allgemeinen Geschäftsbedingungen für die Inanspruchnahme der Dienstleistungen der Telekom berücksichtigen sowohl die allgemeinen Privatrechtsnormen, wie die Bestimmungen des Bürgerlichen Gesetzbuches und des Grundgesetzes als auch Bestimmungen des Postverfassungsgesetzes, des Fernmeldeanlagengesetzes und der Telekommunikationsverordnung.

Allgemeine Geschäftsbedingungen werden von einem Unternehmen immer dann verwendet, wenn es mehrere Verträge zu gleichen Bedingungen abschließen will — so wie bei der Telekom üblich.

Der Verwender von AGB muß dem Kunden vor Abschluß eines Vertrages die Möglichkeit einräumen, in zumutbarer Weise diese AGB einsehen zu können. Die Telekom sichert diese Forderung des AGB-Gesetzes durch das Veröffentlichen der AGB im Amtsblatt der DBP Telekom und durch das Auslegen in den Ämtern des Post- und Fernmeldewesens ab. Interessierte Kunden erhalten die für sie zutreffenden AGB von den zuständigen Vertriebsstellen der Telekom zum Verbleib.

Mit Stand vom Januar 1992 sind in folgenden Amtsblättern der Telekom AGB bzw. Leistungsentgelte veröffentlicht worden:
Nr. 5/91; Nr. 13/91; Nr.18/91; Nr. 20/91; Nr. 28/91 und Nr. 40/91.

In *Abb. 15.3* sind einige der veränderten Begriffe zwischen früherer TKO und jetzigem Monopol- und Wettbewerbsbereich aufgeführt.

15 Rechtsgrundlagen für den Anwender

Zu Begriffen des bisherigen Fernmeldebenutzungsrechts

Fernsprech-AO Änderungs-VO TKO	AGB Monopolbereich	AGB Wettbewerbsbereich
Teilnehmer	Kunde	Kunde
Teilnehmerverhältnis	Vertrag	Vertrag
Zustandekommen - Antrag Genehmigung stattgegeben	Antrag, Annahme	Antrag, Annahme
Gebühren	Entgelte, Tarife Preise	Entgelte, Mietzins, Preis, Vergütungen
Erinnerung	Mahnung	Mahnung
Sperre (Verwaltungsakt)	Sperre (zivilrechtliches Leistungsverweigerungsrecht)	Zivilrechtliches Leistungsverweigerungsrecht
Vorschuß	Sicherheitsleistung, Vorauszahlung	Vorschußpflicht (BGB)

Abb. 15.3: Begriffe der bisherigen und der neuen Kundenbeziehungen

15.5 Leistungsbeschreibungen/Tariflisten/Preislisten

Die Preise und Leistungsentgelte werden in besonderen Tariflisten zusammengefaßt und sind gemeinsam mit den AGB in den Amtsblättern veröffentlicht.

Bei umfangreichen Diensten werden die Allgemeinen Geschäftsbedingungen und die Leistungsbeschreibungen voneinander getrennt. So gibt es für den Telefondienst zum einen die „Allgemeinen Geschäftsbedingungen für den Telefondiens" (Amtsblatt Nr. 13/91) und zum anderen zahlreiche Leistungsbeschreibungen und Tariflisten für den Telefondienst wie z. B. die „Tarifliste für den Telefondienst (Telefonanschluß)" oder die „Leistungsbeschreibung für die Anrufweiterschaltung GEDAN" (Amtsblatt Nr. 40/91). Bei weniger umfangreichen Diensten sind AGB und Leistungsbeschreibungen zusammengefaßt.

Im Telefondienst ergibt sich durch die Umstellung vom bisherigen öffentlich- rechtlichen Teilnehmerverhältnis zum privatrechtlichen Vertragsverhältnis, daß ab 1. 1. 1992 kraft Gesetzes folgende AGB einschließlich der dazugehörigen Tarif- und Preislisten gelten:

- Allgemeine Geschäftsbedingungen für den Telefondienst,
- Leistungsbeschreibung für den Telefondienst (Telefonanschluß),

- Zusätzliche Bedingungen für die Telekommunikationsdienste in den neuen Bundesländern einschließlich des östlichen Teils von Berlin,
- Miet- und Installationsbedingungen für Telekommunikations-Endgeräte (Neufassung),
- Zusätzliche Bedingungen für die Miete und die Instandhaltung von Tk-Endgeräten, Tk-Anlagen und Telexendstelleneinrichtungen in den neuen Bundesländern einschließlich des östlichen Teils von Berlin.

15.6 Das Bundesamt für Post- und Telekommunikation

Mit der Postreform erfolgte auch die Trennung in Hoheits- und in Unternehmensaufgaben. Aus ordnungspolitischen Gründen verblieben die Hoheitsaufgaben beim Bundesminister für Post- und Telekommunikation (BMPT). Er hat sich dazu zwei Ausführungsbehörden geschaffen:

- das Bundesamt für Post- und Telekommunikation (BAPT) in Mainz und
- das Bundesamt für Zulassungen in der Telekommunikation mit Sitz in Saarbrücken.

Das BAPT mit seinen 55 bundesweiten Außenstellen erfüllt im wesentlichen folgende Aufgaben:

- Genehmigungen (Verleihungen) für Endeinrichtungen und leitergebundene Fernmeldeanlagen. Erteilung von Auflagen beim Errichten und Betreiben von Fernmeldeanlagen. Erteilung der individuellen Anschalteerlaubnis für Tk-Anlagen und für Endeinrichtungen im Zusammenhang mit privaten Übertragungswegen. Eine Genehmigung beinhaltet das Recht, die geprüfte Fernmeldeanlage zu errichten und zu betreiben. Vor Ort können Kontrollen durch Vertreter des BAPT durchgeführt werden.
- Genehmigungen für das Errichten und Betreiben von Amateurfunkstellen; von öffentlichen Funkanlagen (öffentlicher mobiler Landfunk, Seefunk, Flugfunk, Satellitenfunk); von nichtöffentlichen Funkanlagen (Betriebsfunk, CB-Funk, Modellfernsteuerfunk); von Breitbandverteilanlagen; von Ton- und Fernsehrundfunkanlagen; von Hochfrequenzgeräten usw.
- Prüfungen für die Zulassung von Personen oder Unternehmen für Aufbau, Änderung und Wartung von Telekommunikations-Endeinrichtungen (TKEE).
- Beteiligung bei der Vergabe von Lizenzen z. B. im Funkbereich und bei der Betreuung der Lizenznehmer.
- Bereitstellung von Standards und Mitarbeit in nationalen und internationalen Standardisierungskommissionen (z. B. CCITT).
- Verwaltung der Funkfrequenzen (Rundfunk, Fernsehen, Mobilfunk, feste Funkdienste); Frequenzkoordinierung.

15.7 Das Bundesamt für Zulassungen in der Telekommunikation

Alle Endgeräte müssen für die Anschaltung an das entsprechende Netz zugelassen sein. Die rechtliche Grundlage hierfür ist die „Verordnung über die Zulassung von Fernmeldeeinrichtungen" (Fernmeldezulassungsverordnung-FZulV) vom Mai 1988. Im Bereich der DBP ist mit der Durchführung der Zulassungsverfahren das Bundesamt für Zulassungen in der Telekommunikation in Saarbrücken beauftragt.

Die Palette der zu prüfenden Fernmeldeeinrichtungen reicht vom einfachen Standardtelefon über Daten- und Textendgeräten, Funksprechgeräten, Rundfunk- und Fernsehempfängern, Hochfrequenzgeräten, Mobilfunkgeräten, Seefunk- und Flugfunkgeräten bis hin zu den Fernsprechnebenstellenanlagen.

Zugelassene Geräte erhalten das Zulassungszeichen der Deutschen Bundespost

Jeder Käufer fernmeldetechnischer Geräte ist also gut beraten, nur solche Geräte zu kaufen, die mit diesem Zeichen versehen sind. Das Anschalten von Geräten ohne Zulassung ist verboten.

16 Tarife und Preise

Die Tarife für die einzelnen Fernmeldedienste der Deutschen Bundespost sind in den Amtsblättern der DBP Telekom (insbesondere Amtsblatt Nr.18/91 und 40/91) veröffentlicht und können darüberhinaus in den zuständigen Dienststellen (Privatkundenvertrieb, Örtlicher Geschäftskundenvertrieb, Telefonläden) der Fernmeldeämter eingesehen werden.

Die Tarife sind bei einigen Diensten in den alten und neuen Bundesländern (ABL und NBL) auf Grund der technischen Gegebenheiten unterschiedlich. Nachfolgend werden einige aus der Sicht des Autors für den Anwender wichtige Tarife zusammengestellt. Eine Gesamtdarstellung aller Tarife würde den Rahmen dieses Buches sprengen und wäre auch auf Grund des großen Umfanges der Tarife gar nicht möglich.

Tarife für den Telefondienst:

Bereitstellung eines Telefonanschlusses:	ABL:	65,- DM
	NBL:	65,- DM
Monatlicher Grundtarif für einen Einzelanschluß:	ABL:	24,60 DM
	NBL:	24,60 DM
Monatlicher Grundtarif für einen Doppelanschluß:		35,20 DM

Zusatz für die NBL:
Für das Überlassen von *Zweieranschlüssen* beträgt der Grundpreis
bis 30. 6. 1993: 20,60 DM
vom 1. 7. 1993 bis 30. 6. 1995: 22,60 DM
und ab dem 1. 7. 1995: 24,60 DM

Zweieranschlüsse werden nur überlassen, soweit und solange die DBP Telekom an ihrer Stelle keinen Einzelanschluß anbieten kann.

Für das Überlassen von *Viereranschlüssen* beträgt der Grundtarif: 20,60 DM

Für das Überlassen von *Zeitgemeinschaftsanschlüssen* beträgt der Grundtarif: 19,60 DM

Viereranschlüsse und Zeitgemeinschaftsanschlüsse werden nicht mehr neu bereitgestellt.

Die *Tarifeinheit* (TE) beträgt bundesweit 0,23 DM

16 Tarife und Preise

Zeittakt bei Ortswählverbindungen in den ABL:
Normaltarif:
Montags bis Freitags von 8.00 bis 18.00 Uhr   6.00 min
Billigtarif:
gilt in der übrigen Zeit sowie an bundeseinheitlichen
Feiertagen und vom 24.12. bis 31.12.   12.00 min

Zeittakt bei Ortswählverbindungen in den NBL: noch nicht vorhanden

Zeittakt bei Entfernungen bis 50 km (Regionalzone) in den ABL:
Normaltarif: 1.00 min
Billigtarif: 2.00 min

Zeittakt bei Entfernungen über 50 km (Weitzone) in den ABL:
Normaltarif: 21 Sekunden
Billigtarif: 42 Sekunden

Zeittakt bei Verbindungen innerhalb der Zone I in den NBL:
Normaltarif: 1.00 min
Billigtarif: entfällt

Zeittakt bei Verbindungen innerhalb der Zone II und III in den NBL:
Normaltarif: 21 Sekunden
Billigtarif: 42 Sekunden

Hinweise: Erstens: Dieser Zeittakt gilt auch für Gespräche von den NBL in die ABL. Zweitens: Im Rahmen der technischen Möglichkeiten wird Zug um Zug, spätestens bis zum 31.12.1993, in Ausnahmefällen bis 1995, auch in den NBL auf Tarifzonen umgestellt.

Zeittakt nach und von Funktelefonanschlüssen des C-Netzes:
Normaltarif: 8 Sekunden
Billigtarif: 20 Sekunden

Übermitteln von Zählimpulsen: Bereitstellung einmalig   65,— DM
monatlich   1,— DM

Vergleichszählung:
1. Tag: 20,— DM
jeder weitere Tag: 10,— DM

Feststellen ankommender Anrufe (Fangeinrichtung):
1. Tag   20,— DM
2. bis 4. Tag (je Tag)   10,— DM
5. bis 9. Tag (je Tag)   5,— DM
jeder weitere Tag   1,— DM

16 Tarife und Preise

Entgeltfreie Wählverbindungen sind die

- mit Notrufanschlüssen für die Polizei und Feuerwehr,
- mit der zuständigen Telegrammaufnahme,
- mit der zuständigen Störungsannahme (Telekom-Service),
- zur Anmeldung handvermittelter Gespräche.

Weckaufträge: Einzelweckruf   2,00 DM
Dauerauftrag   1,50 DM

Abwesentheitsauftrag:
- Entgegennahme von Anrufen, Bekanntgabe und Aufzeichnen von kurzen Nachrichten. Ansage einer vereinbarten Mitteilung an die Anrufer.
je Kalendertag 7,00 DM
- Entgegennahme von Anrufen. Zusprechen einer vereinbarten Mitteilung.
je Kalendertag 5,00 DM

Erinnerungsauftrag:
Annehmen und Zusprechen eines Erinnerungstextes: 3,00 DM

Benachrichtigungsauftrag:
Annehmen und Zusprechen des Benachrichtigungstextes an eine
bestimmte Rufnummer: 4,30 DM

Anrufweiterschaltung 1:
Ständige Anrufweiterschaltung zu einem betimmten Anschluß.
monatlich 98,- DM

Anrufweiterschaltung 2:
Vom Kunden zu beliebigen Zeiten aktivierbare Anrufweiterschaltung
zu einem bestimmten anderen Anschluß (läuft aus; Ersatz Variante 3)
monatlich 125,- DM

Anrufweiterschaltung 3:
Vom Kunden zu beliebigen Zeiten aktivierbare Anrufweiterschaltung
zu einem beliebigen anderen Anschluß (über Handprogrammiersender).
monatlich 98,- DM

Anrufweiterschaltung 4:
So wie bei Variante 3, jeoch ermöglicht die Variante 4 die Weiterschaltung ankommender Rufe zu beliebigen anderen Anschlüssen zu beliebigen Zeiten. Mit dem Handprogrammiersender kann von unterwegs von jedem beliebigen Anschluß aus eine Aktivierung oder Deaktivierung oder eine neue Zielrufnummer eingegeben werden.   monatlich 108,- DM

16 Tarife und Preise

Deutschland Direkt:
Telefonieren aus den USA über die Ruf-Nr 180029200 (Vermittlungskraft der Telekom verbindet zum gewünschten Anschluß). Die Entgelte werden später über die Fernmelderechnung berechnet oder werden vom Angerufenen übernommen.

für die ersten 3 Minuten: 24,- DM
jede weitere Minute: 3,22 DM

Telefondienst im ISDN:
Bereitstellung eines **Basisanschlusses** (2 B + 1 D):

Installation einmalig: 130,- DM
Grundtarif monatlich: 74,- DM

Bereitstellung eines **Primärmultiplexanschlusses** (30 B + 1 D):

Installation einmalig: 200,- DM
Grundtarif monatlich: 518,- DM

SERVICE 0130:
Für die Bereitstellung einer Service-130-Rufnummer: 65,- DM
Grundtarif für eine 4stellige Service-130-Nummer

monatlich: 700,- DM

Grundtarif für eine 6stellige Service-130-Nummer

monatlich: 130,- DM

Die Verbindungstarife werden dem Service-130-Teilnehmer in Rechnung gestellt. Dem Anrufer entstehen keine Kosten.

Funktelefonanschluß C:
Bereitstellung eines Anschlusses   einmalig: 65,- DM
Grundtarif   monatlich: 75,- DM

TeleKarte ÖKart:
Bereitstellung der Karte   einmalig: 20,- DM

Tarife für „birdie":
Bereitstellung eines Anschlusses Entgelt nicht vorgesehen
Grundtarif je Endgerät (gültig für Feldversuch)

monatlich 8,80 DM

Verbindungstarif über Heimstation: wie Telefondienst
Verbindungstarif über birdie-Stationen (Außenstationen):

die Tarifeinheit beträgt 0,39 DM

Tarife für Cityruf:
Bereitstellung eines Anschlusses   65,- DM
Grundtarif monatlich je Funkrufanschluß bei Einzelruf:

16 Tarife und Preise

	für erste Rufzone	für jede weitere Rufzone
Rufklasse 0	18,- DM (bei 1-99 Anschl.)	3,- DM
(2 Nur-Ton-Rufnr.)		
Rufklasse 1	26,- DM (bei 1-9 Anschl.)	5,- DM
(1 Numerik-Rufnr.)		
Rufklasse 2	43,- DM (bei 1-9 Anschl.)	10,- DM
(1 Alphanumerik-Rufnr.)		

Grundtarif monatlich je Gruppe (größer 100 Funkrufanschlüsse):
Rufklasse 0   100,- DM   3,- DM

Tarife für Eurosignal:
Bereitstellung einmalig   65,- DM
Funkrufanschluß A (international) 1. Rufnr. monatlich   35,- DM
Funkrufanschluß B (national) 1. Rufnr. monatlich   25,- DM

Bündelfunk CHEKKER:
Kundenerstanmeldung:
(unabhängig von der Zahl der Endgeräte):   65,- DM
Grundtarif monatlich: 1. bis 9. Funkstelle: 52,- DM
                     10. bis 49. Funkstelle: 47,- DM
                     ab 50. Funkstelle nach Vereinbarung

Tarife im Telefaxdienst:
Bereitstellung einer separaten Rufnummer für den Faxbetrieb:
                                                               einmalig 65,— DM
Monatlicher Grundtarif (wie bei Telefon)   24,60 DM
Monatlicher Grundtarif bei Doppelanschluß   35,20 DM
Tarife bei Wählverbindungen wie im Telefondienst je TE   0,23 DM

Tarife im Bildschirmtextdienst Btx:
Bereitstellung einmalig (entfällt bei gleichzeitiger Bereitstellung eines
Telefonanschlusses:)   65,- DM
Monatlicher Grundtarif
(Teilnehmerkennung und Anschlußbox):   8,- DM

Literatur

[1] Unterrichtsblätter der Telekom; 45. Jahrgang, Nr. 3/1992, Wilhelm Zanzinger: „Der Telefondienst der Deutschen Bundespost Telekom"

[2] Unterrichtsblätter der Deutschen Bundespost; 42. Jahrgang, Nr. 2/1989, Wilhelm Zanzinger: „Die Auftragsdienstleistungen im Telefondienst"

[3] Wilhelm Book: Eine Nische für Teletex? Zeitschrift„net-special ";ISBN 3-7685-3688-2; R.v.Decker's Verlag

[4] Albert Albensöder (Hrsgb): Netze und Dienste der Deutschen Bundespost Telekom; 1990; R. v. Decker's Verlag, ISBN 3-7685-4189-4

[5] Diezmann: Lehrbrief für das Fernstudium: Theoretische Grundlagen der Netzgestaltung, Ing. Schule Leipzig, 1974

[6] Gerd Siegmund: Grundlagen der Vermittlungstechnik R.v.Decker's Verlag G.Schenck GmbH, Heidelberg; 1991, ISBN 3-7685-1991-0

[7] Karl-Heinz Rosenbrock: ISDN — Das künftige diensteintegrierende digitale Fernmeldenetz der Deutschen Bundespost. Verlag A.F. Koska, Berlin-Wien; 1987, ISBN 392-056-1320

[8] Produktblätter (Loseblattsammlung) der Deutschen Bundespost Telekom, Fernmeldeamt Mannheim, Dienststelle Marketingservice 6800 Mannheim 1

[9] Seiterer/Lehnert ISDN, Leistungsmerkmale, Sicherheitsprobleme und Sicherheitstechniken; Franzis-Verlag München 1991, (Funkschau: Telecom Band 3) ISBN 3-7723-4271-X

[10] Karl-Heinz Schmidt, Endgeräte am analogen Telekommunikationsnetz, R.v.Decker's Verlag Heidelberg 1992, ISBN 3-7685-4889-9

[11] Johannes Kaufmann, Artikel „Schnellhefter aus Telefonkarten" in der ZPT, Nr. 12/1991, Seite 16; Josef-Keller-Verlag Starnberg

[12] Mobilfunkmagazin 3/90, R.v.Decker's Verlag Heidelberg

[13] Duelli, Alles über Mobilfunk, Franzis-Verlag GmbH, München, ISBN 3-7723-4251-5 (Funkschau: Telecom Band 5),1991

[14] Unterrichtsblätter der Deutschen Bundespost Telekom; 44. Jahrgang, Nr. 10/1991, „Mobilfunkdienste der Deutschen Bundespost Telekom" von Dipl. Ing. Josef Kedaj, PDir.

[15] Mobilfunkmagazin 2/90, R.v.Decker's Verlag Heidelberg

[16] Zeitschrift Funkschau Nr. 3/1992, „Per Funkverbindung ans Telefonnetz", Franzis Verlag München

[17] Gusbeth, Mobilfunklexikon; Franzis-Verlag München 1991; ISBN 3-7723-6643-0; (Funkschau Telecom Bd.1)

[18] Unterrichtsblätter der Deutschen Bundespost Telekom, 44. Jahrgang, Nr. 6/1991, „Chekker, ein neuer Mobilfunkdienst der Telekom" von Dipl. Ing. Helmut Roche, OAR

[19] Arbeitsbehelf des Fernmeldetechnischen Zentralamtes, FTZ 126 AB 702

[20] Arbeitsbehelf des Fernmeldetechnischen Zentralamtes, FTZ 126 AB 703

[21] Arbeitsbehelf des Fernmeldetechnischen Zentralamtes, FTZ 126 AB 701

[22] Arbeitsbehelf des Fernmeldetechnischen Zentralamtes, FTZ 126 AB 422.1

[23] Telekom Unterrichtsblätter, 45. Jahrgang, Nr.1/1992 „Telekommunikationsanlage connex", von Dipl. Ing. Udo Hemme-Unger, OPD Frankfurt/Main

[24] Unterrichtsblätter der Deutschen Bundespost Telekom; 43. Jahrgang; Nr. 2/1990; „Grundlagen der Fernkopiertechnik" von Dipl. Ing. Klaus Wolf

[25] Unterrichtsblätter der Deutschen Bundespost Telekom; 43. Jahrgang; Nr. 3/1990; „Der Telefaxdienst der Deutschen Bundespost Telekom" von Dipl. Ing. Kroemer, FA Mannheim

[26] Dipl.Ing. Eric Danke, „Nutzen durch Btx" in der Zeitschrift net-spezial, R.v.Decker's Verlag Heidelberg, ISBN 3-7685-3688-2

[27] Prospektmaterial „Post überall", Fernmeldetechnisches Zentralamt Darmstadt, Referat Öffentlichkeitsarbeit, 1988

[28] K.-P. Statz, Generaldirektion Telekom, 732c „Überblick über das Fernmeldebenutzungsrecht, Umstellung auf AGB" (Vortragsniederschriften)

[29] Knut Bahr (Hrsg): Innerbetriebliche Telekommunikation, R. v. Decker's Verlag, G. Schenk, Heidelberg, 1991, ISBN 3-7685-2890-1

[30] Heinz Schlüter: ISDN-fähige Kommunikationsanlagen, R. v. Decker's Verlag, G. Schenk, Heidelberg, 1987, ISBN 3-7685-1387-4

Sachverzeichnis

A

a/B-Telefon   49
Abfrageplätze   139
Abtasten   32
Abtastfrequenz   32
Abtastverfahren   163
Adernkennzeichnung   80
Allgemeine Geschäftsbedingungen   198, 201
Alphanumerik   123
amex i   143
Analoges Telephon   49
Analoge Übertragung   31
Analoger Netzabschluß   79
Anklopfen   44
Anrufbeantworter   66, 70
Anrufumleitung   65
Anrufverzögerung   67
Anrufweiterschaltung   12
Ansagedienst   13
Anschaltetechnik   72
Anschluß | bereich   24
   -dosen   74
   -einheit TAE   73
   -klemmen TAE   80
   -schnur   77
ATUS 1000   142
Auftragsanlagen   139
Auftragsdienst   14
Aufzeichnungsverfahren   163
Ausleuchtzonen   187
Auskunftsdienst   11
Automatischer Rückruf   45
AWADo   77

B

B-Kanal
Babyruf   56
Base Line   52
Basis | anschluß   47
   -station   103
   -system   33
Bedienhörer Autotelefon   111
Benutzergruppe   45, 66
Benutzeroberfläche   54, 63
Bildschirmtext Btx   17
— Anbieter   181
— Modem   181
— Zugang   181
birdie   131
Bitfolgefrequenz   33
Bitrate   33
Breitbandverteildienst   18
Bundesamt für Post- und Telekommunikation (BAPT)   203
Bundesamt für Zulassungen in der Telekommunikation (BZT)   204
Bündel   22, 81

C

C-Netz   91, 93
Cityruf   123
   -empfänger   125
   -versorgung   127
Codieren   32
Comfort Line   53
connex C   151
Cordless Telephone   56
CT 1-Standard   56
CT 2-Standard   131

D

D-Netz   102
D-Kanal   47

Datenübermittlungsdienst 17
DASAT 190
DAVID 191
DECT-Standard 132
DIVA 192
Digifone 158
Digitale Übertragung 31
— Vermittlungsstelle 36
Digitales Fernsprechnetz 30
Dienstewechsel 44
Direktruf 56
Direkte Steuerung 34
Displayanzeige 53, 55
Doppelader 81
Drahtlose Anschlußleitung 119
DSC-1800-Standard

E

ECM-Fehlerkorrektur 169
EGU 1-4 141
elcom LC2 142
Elektrisches Notizbuch 54
elkom TK 32, 154
Endgeräte für Btx 183
 -umschalter 141
Erdtaste 51, 138
ERMES 129
Euro | message 128
 -signal 126
 -sat 187
Eutelsat 187

F

Fall Back 174
Fax-Begriffe 172
 -Gräte 167
 -gruppen 166
 -papier 164
 -übertragung 165
Fehlerkorrektur 174
Fern | kopierer 167
 -meldenetze 20
 -melderecht 197
 -netz 26

 -sprechnetz 29
 -vermittlungsstelle 35
Flashtaste 51, 138
Flugzeugtelefon 195
focus D 145
 — L 147
 — H-TS 148
 — C-TS 151
FreeLine 57
Freisprechen 54
Frequenzen C-Netz 100
 — D-Netz 103
Funk | anlagenmonopol 197
 -dienste 91
 -feststation 99
 -ruf oder Paging 122
 -rufanschlüsse 129
 -rufkonzentrator 124
 -telefon 91
 -telefonnetze 92
 -vermittlungsstelle 99, 124
 -versorgungsgebiete
 — C-Netz 116
 — D1-Netz 117
 — D2-Netz 118
FVSAT 192

G

Gebührenanzeige 56
GEDAN 12
Gleichwellenbetrieb 124
Große Klingel 67
GSM-Standard 102

H

Handsender 147
Handshaking 174
Hauptvermittlungsstelle 35
HCS 410 161
Hicom cordless 100, 144
Hinweisdienst 14
Hybridanlagen 140

I

Indirekte Steuerung 34
Impulswahlverfahren IWF 50
Inmarsat 192
Intallation 80
  -kabel 81
  -drähte 82
Integriertes Text- und Datennetz 29
Intelsat 186
Integral 2 Hybrid 158
Integral 30
ISDN 42, 44
— Faxgerät 171
— Nutzen 44
— Schnittstellen 48, 65
— TK-Anlagen 154
— Technik 47
— Teilnehmeranschluß 47
— Telefone 61

J

Journalausdruck 174

K

Kartentelefone 85
Kennziffernplan 27
Kennzahlenplan int. 40
Kleinzellennetz 99
Klubtelefone 57
Knotenvermittlungsstelle 35
Kodierung F und N 72
Komforttelefone 52
Kompakttelefone 56
Kopernikus 188
Kreditkartentelefon 60, 89
Kunden-Memory-Card 154

L

Laptop 151
Lauthören 54
Länderkennzahl 41
Leistungsbeschreibungen 198, 202
Leistungsmerkmale 51
Logofon 158

M

Makeln 45
Makleranlagen 139
Maschennetz 22
Mehrfachanschaltung 76
Mehrfrequenzverfahren MFV 50
Mobilbox 101
Mobilfaxen 175
Mobilfunkdienste 19
Mobilfunktelefone 106
Monopolbereich 79, 197
Multifunktionale Endgeräte 183
Münzprüfung 84
Münztelefone 83, 85
Music on Hold 150

N

NASAT 192
Nebenstellenanlagen 135
Netz | abschluß 47, 79
  -ebenen 23
  -formen 21
  -knoten 22
  -monopol 197
Notrufnummer 15
Numerik-Ruf 123
Nur-Ton-Ruf 123

O

octopus 180i 156
— L 158
— M 158
— S 158
octophon 158
öffentliche Telefone 83
ÖKartTel 83
ÖKart INKA 89
ÖMünz 83
Ortsnetz 24
Ortsnetzkennzahl 41
Ortsnetzvermittlungsstelle 24

P

Paging 122

Sachverzeichnis

PAM-Singal 32
Passiver Prüfabschluß 79
PCN 105
PCM 32
PIN-Nummer 54, 89, 105
Ports 153
Poststrukturgesetz 197
Postverfassungsgesetz 198
Preislisten 202
Primärmultiplexanschluß 48

Q

Quantisieren 32

R

Rangierdrähte 82
Rautetaste 51
Rechtsbeziehungen 197
Reihenanlagen 135
Reihennetz 23
Richtungswähler 35
Ringnetz 23
Roaming 98
Rufbereiche 126
Rufnummernspeicher 53
Rückruf 45
Rufklassen 123, 129
Rufumleitung 101

S

Satelliten 185
-dienste 190
Schnurlose Telefone 56
SET-Taste 51
Service 130 15
Signaltaste 51
S_0-Bus 47
Sperren 54
Special Line 58
Sprachcomputer 109
Sprechkanäle 98
Standardtelefone 52
Steckergesicht TAE 73
Sternnetz 22

Stummschaltung 51
System 12 36
— EWSD 36
-telefone 62, 145, 153

T

TAE-Dose 72
TAE-Stecker 73
Tarife 202, 205
Tarifeinheit 205
Tastenfeld 51
Tastwahlblock 50
Telefon 11
 -anlagen 140
 -apparate 49
 -dienst 11
 -dienstmonopol 197
 -karten 87
 -nummer 38
 -verstärker 67
Teilnehmermünztelefone 85
Teleboxdienst 18
Telegrammdienst 17
Telefaxdienst 16, 162, 178
TeleKarte 88
Teletexdienst 16
Telepoint-System birdie 131
Telexdienst 16, 178
Telekom-Service 15
Telekommunikations | anlagen 144
 -verordnung 198
Telekom-Datenschutzverordnung 201
Televotum 15
Teilnehmer | rufnummer 41
 -schnittstelle 62
Thermokamm 163
TK-Anlagen 144
TK-System 8818 158

U

Übergabepunkt 79
Universalanschluß 48
Unternehmen der DBP 197

Sachverzeichnis

V

V-Schnittstellen 63
varix 12/3 155
varix content 840 156
Verbindungsaufbau 35
Vermittlungstechnik 34
Verkehrsausscheidungskennziffer 39
Vertragsgestaltung 200
Versorgungsbereiche 115, 127, 130
Vorzimmeranlage 135

W

Wahl bei aufliegendem Hörer 54
Wahlwiederholung 51
Wartemusik 150
Wählverbindungen 11
Wählnebenstellenanlagen 137
Weitvermittlungsstellen 26, 34
Wettbewerbsbereich 79

X

X-Schnittstellen 63
X.25-Schnittstellen 63

Z

Zählimpulse 206
Zellulares System 99, 106
Zentralvermittlungsstelle 23
Zeittakt 206
Zugangskennzahl 94
Zulassungen 204
Zusatzgeräte 66
Zweithörer 67

 immer die richtige Wahl.

Überspannungen, Blitzschlag führen Jahr für Jahr zu erheblichen Schäden bei vielen Kommunikationsgeräten.
Schützen Sie sich und Ihre Anlage durch Citel-Schutzbausteine. Citel bietet blitzstromtragfähige Schutzbausteine für alle Datenleitungen, die keinerlei technische Wünsche offen lassen und ohne Schwierigkeiten nachträglich eingebaut werden.
Wenn es um Überspannungsschutz geht, ist Citel die richtige Wahl.
Citel ist innovativ und der technische Vorreiter für Überspannungsschutzbausteine.

CITEL Electronic GmbH
Heinrichstraße 169
40239 Düsseldorf 1
Telefon (02 11) 62 60 41/42
Telefax (02 11) 63 11 91

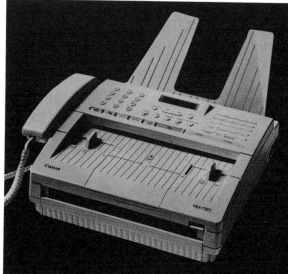

FAX VOLL EINSETZEN

Fax richtig einsetzen

Aigner, Piller; 1992, 236 S.
ISBN 3-7723-6994-4

ÖS 311,–/SFr 38,80/DM **39,80**

Sicher wollen auch Sie nicht mehr auf Ihr Fax verzichten. Doch wie nutzen Sie es voll aus und wo können Sie sparen? Dieses Fax-Buch mit unzähligen Tips und Tricks vergleicht für Sie die Kosten mit Briefpost und Telex anhand zahlreicher Fallbeispiele und informiert Sie über alles Wichtige rund um das Fax: ● Verfahren ● Anforderungsprofile und Geräteauswahl ● Einsatz und Leistungsmerkmale ● Gebühren ● Formulargestaltung ● PC-gestützter Fax-Betrieb ● Mobilfax ● Marktübersichten.

Alles über PC-Fax

Schönleber, Claus; 1993, 240 S.
ISBN 3-7723-5781-4

ÖS 382,–/SFr 47,–/DM **49,–**

Dieses Praxisbuch zum Faxen mit dem PC berät Sie beim Kauf und steht Ihnen beim täglichen Betrieb hilfreich zur Seite: ● Was ist am besten für Ihr Büro? Stand-by, Fax-Karte, Modem? ● Wieviel kosten diese Lösungen? ● Wie installieren Sie Faxkarten? ● Welche Software eignet sich für Ihre Anwendung? ● Wie richten Sie einen Fax-Server in Ihrem Netzwerk ein? ● Welche Fax-Dienste können Sie nutzen? z. B. Börsennews ● Wie können Sie Ihre Daten beim Faxen schützen?

(Preise: Stand 11/93)

Franzis-Fachbücher erhalten Sie in jeder Buch- und Fachhandlung.
Franzis-Verlag GmbH · 80296 München · Telefon 0 89 / 51 17-2 85 · Telefax 0 89 / 51 17-3 77

Franzis'

stabo
FÜR GUTE VERBINDUNG

Bürokommunikation von stabo mit BZT-Zulassung

Superkleines schnurloses Telefon ST 955
– Aktionsradius um das Festteil bis 300 m im Freien. Bis zu 8 Mobilteile an einer Basisstation zu betreiben.

Telefonanrufbeantworter DA 200
– Nachrichten werden volldigital gespeichert. Texte gehen auch bei Stromausfall nicht verloren. Ca. 14 Minuten Sprachspeicherung und vieles mehr.

Fernkopierer FAX 30
– das Multitalent für Freiberufler, kleine Betriebe und private Haushalte. Fax, Telefon, Anrufbeantworter und Kopierer in einem.

Informieren Sie sich bei Ihrem örtlichen Fachhändler, oder fordern Sie unseren Telekommunikations-Prospekt an.

FÜR GUTE VERBINDUNG

stabo Elektronik GmbH & Co KG
Münchewiese 14-16
31137 Hildesheim
Telefon 05121/7620–0
Telefax 05121/512979
Telex 927261 stabo d

Kommunikation für alle

NEU

EGUCOM

Die neue Familie leistungsabgestufter Telekommunikationsanlagen erfüllt private Wünsche und gewerbliche Anforderungen.

Die neuen Telekommunikationsanlagen von Ackermann erfüllen mit ihrer Kombinationsvielfalt private und gewerbliche Kommunikationswünsche. Vom Anschluß des Telefons über Telefax, Bildschirmtext, Türfreisprecheinrichtungen mit -öffnern bis hin zur Datenübermittlung. Und mit sehr niedrigen Investitions- und Folgekosten.

ACKERMANN
Telekommunikation

Albert Ackermann GmbH + Co. KG,
Fabrik für Fernmelde- und Elektrotechnik,
Albertstraße, 51643 Gummersbach,
Telefon (02261) 83-0 - Telex 884565 - Telefax 83358

Datenübertragung transparent gemacht

Funkschau Telecom

Schoblick/Gomolla

ISDN im praktischen Einsatz

Dienste – Geräte – Anschlüsse – Übertragungs- und Vermittlungstechnik, Kosten und Nutzen

Franzis'

Funkschau Telecom

Gronert

Datenkommunikation mit dem PC

Modems, PC-Fax, Btx, elektronische Post, Software und ISDN-PCs im praktischen Einsatz

Franzis'

Das Modem-Praxisbuch, das Sie bei allen Fragen zu Kauf, Anschluß und Betrieb berät.

- Grundlagen: Wie unterscheiden sich die Modem-Typen? Was bedeuten die einzelnen Leistungsmerkmale? Wann lohnt sich ein Modem? Mit Anwendungsbeispielen aus der Praxis.
- Kauf: Über 100 Modems im direkten Vergleich! Mit Daten, Fakten und Preisen.
- Software: Welche Kommunikationsprogramme haben sich bewährt? Welche Faxsoftware eignet sich für Sie?
- Inbetriebnahme: Wie schließen Sie Ihr Modem an die Telefonleitung an? Mit welchen Tricks prüfen Sie ganz schnell, ob alles funktioniert?
- Betrieb: Wie Sie alle Features, z.B. die verschiedenen Kompressionsverfahren und die maximale Übertragungsgeschwindigkeit voll ausnutzen.
- Rechtsfragen: Postzulassung, Datenschutz, Urheberrecht. Wo lauern Gefahren?

Ihr perfekter Begleiter für den Einsatz im Geschäft und zu Hause.

ISDN ist das digitale Netz, mit dem Sie gleichzeitig Sprache, Text, Daten und Stand- oder Bewegt-Bilder übermitteln können. Dieses Buch zeigt Ihnen im Detail, was ISDN ist, wie es funktioniert und was es leistet. Ohne sich in technischen Details zu verlieren, beleuchtet es die verschiedenen Dienste und zeigt Ihnen auf, welche neuen Möglichkeiten sich für Sie ergeben.
Sie erhalten genau die Infos, die Sie benötigen, wenn Sie den Kauf einer Telefonanlage planen oder den Umstieg auf ISDN überdenken.

Daten und Fakten für Transparenz in einem unübersichtlichen Markt! Mit diesem Buch kennen Sie die unterschiedlichen Geräte und Softwarelösungen für private Anwendungen und den Profi-Einsatz im Büro. Produktübersichten machen Ihnen die Auswahl des optimalen Mediums leicht. Übersichten zu den Diensten der Telekom zeigen Ihnen, welchen Nutzen diese bieten und was sie tatsächlich kosten. Und als Basis für genaue Kalkulationen erhalten Sie die Gebührentabellen der Telekom.

ISDN im praktischen Einsatz
Schoblick/Gomolla; 1992, 248 S.
ISBN 3-7723-**4481**-X
ÖS 311,–/SFr 38,80/DM **39,80**

Datenkommunikation mit dem PC
Gronert Elke; 1992, 190 S.
ISBN 3-7723-**4551**-4
ÖS 311,–/SFr 38,80/DM **39,80**

Modems im praktischen Einsatz
Bradatsch, Bernh.; 1993, 300 S.
ISBN 3-7723-**4132**-2
ÖS 538,– / SFr 67,– / DM **69,–**

(Preise: Stand 11/93)

Franzis-Fachbücher erhalten Sie in jeder Buch- und Fachhandlung.
Franzis-Verlag GmbH · 80296 München · Tel. 0 89/51 17-2 85 · Fax 0 89/51 17-3 77

Franzis'

Alles über Mobilfunk

Funkschau Telecom
Duelli/Pernsteiner
Alles über Mobilfunk
Dienste – Anwendungen – Kosten – Nutzen
2. Auflage

Funkschau Telecom
Gusbeth
Mobilfunk-Lexikon
Telekommunikation von A – Z

Funkschau Telecom — Band 2
Gabler/Picken
Mobilfunk-Praxis Systembeschreibungen und Meßmethoden
2. Auflage

Mit welchem System sind Sie optimal erreichbar? Welches Mobilfunksystem eignet sich am besten für Ihren Betrieb? In diesem Buch finden Sie die verschiedenen mobilen Kommunikationssysteme im direkten Vergleich: Autotelefon, Funkruf, Betriebsfunk, mobile Satelliten-Kommunikation und spezielle Übertragungstechniken für den Außendienst. Dank klarer Abgrenzung der jeweiligen Einsatzgebiete finden Sie sich sofort zurecht. Die optimale Entscheidungsgrundlage für Neuanschaffungen mobiler Geräte.

Alles über Mobilfunk
Duelli/Pernsteiner; 1992, 272 S.
ISBN 3-7723-**4252**-3
ÖS 382,– / SFr 47,– / DM **49,–**

Ob Sie sich als Einsteiger einen Überblick verschaffen möchten oder als Fachmann technische Erläuterungen suchen und die ökonomischen Zusammenhänge kennenlernen wollen: Jetzt genügt einfaches Nachschlagen, und Sie wissen Bescheid! Dieses Lexikon erläutert alle wichtigen Fachbegriffe und informiert Sie zusätzlich über Märkte, Trends, Systeme und Verfahren aus der Welt des Mobilfunks.
Mit diesem Nachschlagewerk können Sie bei allen Mobilfunk-Themen mitreden, denn Sie kennen sich bestens aus!

Mobilfunk-Lexikon
Gusbeth, Hans; 1992, 160 S.
ISBN 3-7723-**6644**-9
ÖS 311,–/SFr 38,80/DM **39,80**

Zellulare Netze, wie das C-Netz, erfordern eine genaue Einhaltung von Reichweite, Frequenz, Kanalbreite und Selektivrufeigenschaften. Mit diesem Praxisbuch wissen Sie genau, was Sie zu beachten haben, und wie Sie entsprechende Meßverfahren ableiten. Aus dem Inhalt:
● Unterschiede der Funksysteme
● Messen an Sprechfunkgeräten
● Selektivrufverfahren und ihre Anwendung ● Datenfunk ● zellulare Funknetze ● Meßtechnik für zellulare Funknetze ● Modulation im D-Netz ● HF-Meßplatz für GSM-Anwendungen.

Mobilfunk-Praxis
Gabler/Picken; 1991, 216 S.
ISBN 3-7723-**6314**-8
ÖS 297,– / SFr 37,– / DM **38,–**

(Preise: Stand 11/93)

Franzis-Fachbücher erhalten Sie in jeder Buch- und Fachhandlung.
Franzis-Verlag GmbH · 80296 München · Tel. 0 89/51 17-2 85 · Fax 0 89/51 17-3 77

Franzis'

Ratgeber Autotelefon

Alles über Autotelefone

Schoblick, Robert; 1993, 192 S.
ISBN 3-7723-5131-X
ÖS 382,–/SFr 47,–/DM **49,–**

Hier finden Sie alles, was Sie brauchen, um das richtige Autotelefon auszuwählen. Unseriöse Verkäufer haben keine Chance mehr, Ihnen irgendein Modell aufzuschwatzen, weil Sie sich selbst auskennen. Sie wissen, wie Funknetze aufgebaut sind • wie sich die einzelnen Modelle unterscheiden • auf welche Leistungsmerkmale es ankommt • wie Sie Porties und Handies im Auto verwenden • welches Zubehör Sie benötigen • was bei der Montage zu beachten ist. Ein Ratgeber, mit dem Sie jede Menge Geld sparen!

Autotelefonieren leicht gemacht

Schoblick, Robert; 1993, 238 S.
ISBN 3-7723-5571-4

ÖS 382,–/SFr 47,–/DM **49,–**

Sind Sie stolzer Besitzer eines Autotelefons oder planen Sie den Kauf? Dann finden Sie hier den optimalen Ratgeber für alle Fragen der täglichen Praxis: • Was Sie vor der ersten Inbetriebnahme beachten sollten • Wie Sie Gerät und Netz optimal nutzen und Kosten sparen • Was die SIM-Telekarten bieten • Was Service-Provider leisten • Wie Sie bei Störungen vorgehen • Wie Sie Diebstahl vorbeugen • Was Sie beim Telefonieren im Ausland beachten sollten.

(Preise: Stand 11/93)

Franzis-Fachbücher erhalten Sie in jeder Buch- und Fachhandlung.
Franzis-Verlag GmbH · 80296 München · Telefon 0 89 / 51 17-2 85 · Telefax 0 89 / 51 17-3 77   ***Franzis'***